어느 사랑의 방정식

관계의
수학

권미애
수학산문

궁리
KungRee

관계의 불안에 놓인
모든 미지수에게

풀기 전에

수학은 관계와 사랑의 과정이었다

수 이야기는 나의 탄생에서부터 시작된다. 루비가 탄생석인 칠월, 나는 열기와 높은 습도의 세상을 간접적으로 만났다. 한낮 기온이 체온을 넘어서 엄마의 숨소리는 점점 거칠어졌고, 호흡은 불안정했다. 안정되고 편안한 아기집에서 밖으로 나가는 것은 나아가기 두려운 세계가 확장되는 것과도 같았다. 양수와 태반으로 꽁꽁 감추어진 곳에서부터 나는 태어났다.

어린 시절 내 눈에 가장 처음 들어온 숫자는 '5'였다. 아들을 귀하게 생각하던 집안에서 남동생이 태어나면서 여기저기서 들리는 얘기는 "진짜가 태어났어. 이제 가족이 모두 다섯이네."였다. 어린 내 눈에 비친 5는 정말 대단하게 느껴졌고, 그때까지 5가 존재하는 세상을 몰랐던 나는 이 수를 두 번 세 번 더하며 새로운 세상을 열었다.

맞벌이하시는 부모님은 늘 바빴다. 그래서 자연스럽게 혼자만의 수학의 세상에 빠질 수 있었다. 달력과 시계, 소꿉장난을 할 수 있는 부엌살림, 그릇과 조리기구 등은 내가 세상과 소통하며 놀 수 있는 도구였다. 부모님 없이도 든든하고 편안했다. 언니나 남동생이 함께하지 않아도 두렵지 않았다. 그곳은 수학이 만들어준 놀이터였다.

집에 있는 물건 중 숫자가 가장 많은 달력을 가지고 놀면서는 같은 수를 여러 번 반복해서 더했고, 거기서 출발한 곱셈을 이해하기 시작했다. 5의 배수로 나아갔으며 그다음 2씩 더해지는 수를 발견했다. 처음으로 찾은 신세계였다. 어쩌면 이때 수학에서 가장 기본이면서 중요한 개념을 스스로 찾아가고 있었는지도 모른다.

　　곱셈을 친구들보다 먼저 이해했다는 뿌듯한 마음에 엄마에게 내가 발견하고 이해한 최초 수학의 의미를 전달했다. 뿌듯함에서 시작한 수학에 대한 애착과 신뢰는 수학 공부를 하는 동안 성취감으로 이어졌다. 그렇게 수학과의 사랑이 시작되면서 수학에 대한 확신이 생겼다. 수학은 변함이 없다는 것을, 앞으로 나와 함께하리라는 것을.

　　일곱 살이 되던 해 남들보다 좀 이르게 입학을 한 나는 외가댁에서 학교에 다녔다. 부모님이 나를 만나러 오는 기간은 일주일, 그때부터 '7'을 이해하기 시작했다. 7은 나에게 기다림의 수였다. 기다렸던 만큼 이 수는 눈물의 수가 되기도 했다.

　　수학을 조금 더 넓게 이해하기 시작한 것은 육학년 때 다니던 학교로 첫 발령을 받은 담임 선생님 덕분이었다. 시험이 끝난 어느 여름날 오후, 선생님의 인솔에 따라 학교와 가장 가까웠던 바닷가를 찾았다. 바다가 시야에 들어오자 우리는 모두 젖은 모래가 자유롭게 펼쳐진 해변까지 숨이 찰 만큼 뛰었다. 그때 옆에서 함께 뛰던 선생님께서 헉헉거리며 말씀하셨다.

"우리가 지금 뛰고 있는 해변을 걸치고 가로지르는 호의 길이는 얼마쯤 될까? 그걸 이용하면 수평선 저 끝까지 펼쳐진 직선거리를 구할 수 있을 거야. 수영해서 거길 다녀올 수 있는 사람은 씩씩하게 소리 질러!"

"우우, 그걸 어떻게 해요?"

대부분 야유하는 듯한 소리였다. 그때 갑자기 해보겠다는 한 여자아이가 있었다. 반 친구들보다 한두 살쯤 많은 아이였다. 백사장 길이는 약 850미터로 길지 않은 곳이었다. 그걸 계산해서 자신이 다녀올 수 있다고 얘기하던 친구의 당당하고 야무진 모습이 아직 머릿속에 그대로 남아 있다.

수학은 어린 시절 혼자만의 세상에서 즐기는 놀이였고, 이후에는 새로운 세상을 찾아가는 경이로움을 깨닫게 하는 계기가 되었다. 결혼을 하고서는 나를 찾는 여정에서 수학과 다시 만났다. 내 주변에는 크고 작은 원이 수없이 그려져 있다. 엄마와 남편, 자식, 학생들이라고 할 수 있다. 그 원들의 중심과 반지름을 바라본다. 모든 원의 중심은 이들을 향한 내 사랑이다.

이후 그 사랑이 크든 작든 상관없이 일정한 거리를 두었다. 그러자 내가 그리는 원과 남편의 중심에서 시작한 원의 교차점을 찾을 수 있었다. 어떤 관계의 동선도 타인과 일치하지는 않는다. 교집합은 있을 수 있어도.

수업에서 만나는 학생들을 향한 나의 사랑에도 여러 감정이 섞여 있다. 또 그들의 열정, 호기, 지혜, 버거움, 두려움, 회피 등 다채로운 감정을 바라보며 원을 그리면서 일정한 거리두기, 먼발치의 사랑을 다시 나눈다.

내 삶에 수학이 없었다면 나는 아직 진정한 사랑을 알지 못하고 끝없이 욕구에만 집중했을지 모른다. 언젠가 마음 상한 딸을 달래며 동네 벚꽃길을 함께 걸은 적이 있다. 봄을 노래하며 걸으면서 흩날리는 벚꽃잎에서 원주율을 보았고, 세상에서 가장 아름다운 수식이라 일컬어지는 '오일러의 항등식'을 알려주었다.

$$e^{i\pi} + 1 = 0$$

"기호는 여전히 잘 모르겠지만 엄마가 그려준 수식이 너무 아름다워요!"

수학을 좋아하지 않았던 중학생 딸아이가 흥분을 감추지 못하고 격앙된 소리로 했던 말을 또렷하게 기억한다. 나는 기호를 하나하나 풀어주며 덧붙였다.

"엄만 내 딸이 오일러의 항등식은 잘 몰라도 봄의 향연을 느끼고 이 수식이 아름답다는 걸 느꼈다는 사실만으로도 감격했어."

수학을 통해 우리는 다른 사람과 관계를 형성하고 그를 이해하는 방법을 파악할 수 있다. 좀 더 단순하고 명료하게. 수학적 사고력은 문제를 풀이할 때 필요할 뿐만 아니라 일상의 문제와 삶의 관계를 해결하는 데 더욱 의미가 있다. 함수나 도형을 적용한 관계를 생각하면서, 중심은 정해져 있는 것이 아니라 내가 정할 뿐이라는 것을 깨달았다.

『관계의 수학』은 수학으로 알게 된 내 삶의 관계

를 중심으로 전개된다. 1장에서는 나의 탄생으로부터 수 이야기가 시작된다. 이후 가정이라는 완전수를 찾기 위해 결혼을 선택했지만, 이는 완전하기보다는 관계를 맺고 사랑을 알아가는 과정이었음을 깨닫는다. 2장에서는 '노릇'이라는 좌표를 통해 자식 노릇에서 부모 노릇으로 대물림되는 사랑을 말한다. 엄마에게 의무감을 지우면서. 이 관계는 3장에 걸쳐 일상에서 만난 수학적 요소와 절대적 세상에서 만난 항등식으로 풀어낸다. 4장에서는 세상을 꼬인 위치에서 바라보는 나의 시선이 담겨 있다. 나를 찾아가는 멀고 긴 여행을 하면서 관계 확장에 가장 필요한 인내와 사랑을 배우고, 다시 나로 돌아오는 과정으로 끝맺는다.

　　수학은 나에게 많은 것을 원하지 않았다. 정보만을 주지도 않았다. 가끔 터지는 호기로움을 자극했으며, 내면을 다지고 진정한 아름다움을 보게 했다. 때론 친구가 되었다. 이만하면 삶은 살 만하지 않은가. 긴 시간 수학과 함께하면서 한없이 무거웠던 관계와 가치가 조금은 가벼워졌다.

나는 학생들에게 수학을 가르치기는 하나 학문을 연구하는 수학자는 아니다. 그저 이들이 일상과 삶 곳곳에 숨어 있는 수학의 의미를 생각할 수 있기를 꿈꾸며 오늘도 나란히 길을 걷고 있을 뿐이다. 이 책을 통해 버거운 인생에서 수학으로부터 조금이라도 위안받고, 태어남과 동시에 시작된 관계에서 생기는 아름다움을 찾아갈 수 있기를, 행복하고 즐거운 이 과정을 만끽할 수 있기를 진심으로 바란다.

차례

1
완전수의 탄생

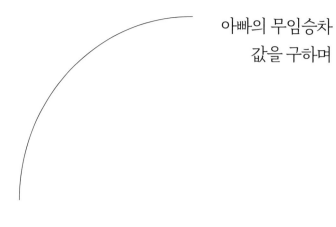

아빠의 무임승차 값을 구하며

잘 살아가고 있는 걸까?

정차되어 있는 삶의 기차 위로 뛰어오른 아빠의 무임승차 이후, 삶에서 성인으로 가는 통행료는 과연 무엇일까라는 질문을 반복했다.

캐럴라인 냅의 『욕구들』(북하우스, 2021)을 읽으며 나의 욕구에 대해 가장 깊숙한 곳까지 들어가본 적이 있다. 원초적인 욕구들이 많았지만 가장 크게 나를 괴롭히고 힘들게 한 건 인정 욕구였다. 이것이 나를 놔주지 않은 시점부터 모든 걸 완벽하고 제대로 하려는 욕심 때문에 내 일상은 항상 벅찼던 것으로 기억한다. 완벽주의적 성격으로 편향되어버린 내 의식은 육체를 너그럽게 봐주지 않았다.

어릴 적 나는 빠져나올 수 없는 늪에서 긴 시간을 보냈다. 여성과 남성의 정체성을 구분 짓는 것과 같이 지금 사회적 이슈로 떠오른 문제들이 과거 내 집에서는 아무렇지도 않게 일어났다. 우선 능력 있는 엄마로 인해 아빠의 응축된 에너지가 분출되지 못했다. 그기에 눌린 아빠는 사회적 활동들을 너무나도 힘들어했다. 결국 집안의 경제적 활동은 온전히 엄마의 몫이 되었고, 아빠는 당신의 입장을 합리화하며 그 속에서 정당성을 찾았다. 자격지심과 싸워가며 상식적이지 못한 모습으로 가족들을 힘들게 했다. 사춘기를 혹독하게 겪던 나는 그런 아빠가 하나부터 열까지 모두 싫었다. 그 가운데 가장 힘들었던 건 내면을 뚫고 올라오는 두려움이었다.

성인으로 가는 길목에서 통행료 대신 우리가 반드시 지참해야 할 것은 태도이다. 여기서 태도는 책임감과 동등하다. 이것을 준비하지 못한다면 한창 사춘기를 겪는 청소년과 다를 게 없다. 그렇다고 청소년만이 소유한 도전과 발산의 에너지가 있는 것도 아니다. 이 책임감은 아빠의 한계점이었다. 부모라면 반드시 갖추어야 할 이 태도를 아빠는 끝내 갖추지 못하고 우리 곁을 홀연히 떠났다.

아빠의 모든 것들이 이해도 포기도 되지 않자, 그때부터 나는 함께 숨을 쉬고 있는 그 공간에서 탈출하는 것만을 목표로 삼았다. 항상 노트에 꼼꼼히 기록하며 매번 계획을 바꾸고 수정해왔다. 마침내 실행으로 옮겼고, 그렇게 결혼이라는 깊고 큰 경험을 시작하게 된다.

나의 가정과는 반대였던 남편의 가정, 무엇보다 자신의 감정을 자연스럽게 드러낼 수 있는 가족 구성원들 간의 모습에 이끌려서 결혼을 결정했다. 그리고 그곳에서 가부장적인 아빠와 다른, 가정을 이끌어가는 아버님을 보았다. 가정을 이끌었으면서도 자신의 목소리를 내지 못한 엄마와는 전혀 다른, 당당한 어머님과 마주했다. 자식들이 의견을 자연스럽게 드러내는 모습에서 대리만족의 희열을 느꼈다. 그때까지 내 인생에서 가장 잘한 선택은 결혼이었다.

　동시에 이것은 내 인생에서 가장 잘못된 선택이 되었다. 어떤 것도 대신할 수 없는 감정을 하나하나 경험하면서 내 방식대로 정해진 틀 안에 내면의 아이를 가두었기 때문이다. 결혼하는 순간까지 나는 도덕적으로 발달한 내 내면 의식이 나를 얼마나 억압하고 묶어두는지, 얼마나 힘들고 아프게 하는지 잘 몰랐다.

　물론 힘들고 만족스럽지 못한 일들이 누적될수록 새로운 만족도가 대칭을 이루며 함께 공존했다. 결혼 생활은 쉬운 문제를 반복해서 푸는 것도 아니고, 가슴 답답한 어려운 문제만 즐비한 것도 아니었다. 지극히 평범하게 구성되어 있다가 가끔 특별함이 문양으로 새겨져, 결혼이라는 작품을 빛내주었다. 이 안에는 나를 들었다 놨다 울고 웃게 하는 사랑의 씨앗들이 있었다. 이곳에서 시작한 삶은 충분히 누리고 즐길 만했다. 다른 곳에 깊숙이 숨어 있는 욕구들 속에서 충만한 행복을 찾아 다시 헤매지만 않는다면.

어른으로 성장하는 과정에서 통행료를 내거나 내지 않는 것은 가치의 문제처럼 보이지만 사실은 선택의 문제다. 서로 다른 여러(n) 개의 경우의 수 중 선택은 크게 두 가지로 나뉜다. 하거나 하지 않거나. 인생에서의 선택은 같은 것을 포함한 순열과 같이 어떤 루트로 움직이는가에 따라 다양한 상황이 된다. 경우의 수가 증가하기도 하고, 움직임이나 접촉이 없는 경우 처음 개수보다 감소하기도 한다. 수학은 "그때 최선으로 한 선택이 지금 최고의 순간을 만들었다."라는 위로를 건넨다.

섬광처럼 스치고 지나간 도피의 그 순간이 마침내 내 삶에서 가장 잘한 선택의 순간들일지도⋯

버지니아 울프의 『등대로』의 한 문구를 통해 과거를 돌아보고 현재에 놓여 있는 감정들을 다시 다독였다. 미처 나오지 못하고 남아 있는 감정들, 켜켜이 숨어 있는 해소되지 못한 감정들, 지금까지 억압되어 있던 욕구들을 하나씩 꺼내어 토닥이기 시작했다. 지금은 이 모든 내면의 욕구를 글을 쓰며 해소할 수 있다. 이 또한 나에겐 새로움이었고 일상에서 특별함을 찾아내는 도전이었다. 삶이 나에게 선물한 축복이다.

우애수의 조화

"아무래도 생명이 다한 것 같다."

한파가 몰아친 설날 전날 밤이었다. 다음 날 차례상에 올릴 음식 준비로 여러 사람이 부산하게 움직이고 있었다. 이 분주한 모습은 마치 풍경인 것처럼, 부엌과 거실 사이 놓인 싸개 이불 위에서 좀 전까지 심하게 울어대던 아기가 소리 없이 누워 있었다. 그 앞에는 이마에 내 천자를 그린 할머니와 무거운 표정의 엄마, 아빠가 아기를 지켜보고 있었다.

검지를 살짝 꺾어 아기의 코 가까이에 대고는

몇 초간 잠시 멈췄다 떼고는 한참을 생각하던 할머니가 침울한 표정으로 "이제 다 틀렸다!" 하셨다. "비실비실하더니." 그리고 갓난아기가 덮고 있던 싸개 이불을 손으로 집어 들고는 아기의 얼굴을 슬쩍 덮어버렸다.

엄마와 아빠는 강하게 부정하며 아기를 안고 뛰기 시작했다. 그곳은 택시를 볼 일이 거의 없을 만큼 한적한 곳이었다. 아빠는 힘이 잔뜩 실린 팔로 아기를 조심스럽게 안았다. 엄마는 그 옆에서 아기의 미세한 움직임 하나라도 놓치지 않으려고 지켜보고 있었다. 달리는 자신들의 뒤를 조용히 따르는 달빛에 의지해서. 그 밤길에는 그들의 호흡과 발걸음을 바삐 옮기는 소리로 가득 차 있었다.

얼마나 오랫동안 달빛이 그들과 그들이 안고 있던 아기를 지켜주었는지는 모른다. 다만 택시를 탔고 아기를 지켜보던 그들의 숨은 매우 격했다. 그 숨은 병원이 보이는 곳에서부터 택시에서 내리는 순간까지도 꺾이지 않았다. 이후에도 가쁜 호흡은 응급실까지 연장되었다.

두 사람의 품에서 떨어져 큰 침대에 덩그러니 뉘어지던 순간, 아기는 혼자가 된다는 건 이토록 두려운 것임을 무의식 속에서 깨닫는다. 여러 개의 주삿바늘이 아기의 몸 이곳저곳에 꽂혔다. 아기를 지켜보던 엄마는 소리 없이 우느라 코끝과 볼이 심하게 요동쳤다. 아기의 모습을 더는 지켜보기가 힘들어지자 떨리는 몸을 남편에게 의지하며 고개를 돌렸다.

얼마나 지났을까? 아기의 손발이 꼬물꼬물 움직인다. 우는 소리인지 옹알거리는 소리인지 깨어났음이 분명하다. 긴장이 풀린 엄마는 주저앉으며 울음 섞인 격앙된 소리로 "감사합니다!"만 반복해서 중얼거리듯 외쳐댔다. 응급실에서 하룻밤을 지새운 후, 세 사람은 평안해진 숨으로 어둠이 물러간 거리를 다시 걸어간다. 아기가 무의식 속에서도 거부했던 소리가 있는 그곳을 향해.

상대적으로 집안에서 기다리지 않았던 두 번째 딸로 태어난 나는 마른 몸과 뽀얗지 못한 피부, 출생과 동시에 건강하지 못한 몸으로 집안 어른들의 잔소리 거리가 되었다. 그래서인지 나는 부모님 등에 번갈아가며 업히는 것에 집착했다.

언니는 딸이었지만 첫째이자 장녀라는 이유로 언니를 향한 할아버지의 사랑은 유별났다. 뽀얀 피부와 적당히 통통한 모습은 어른들이 보기에 귀엽고 사랑스러웠다. 여기에 더해서 착하고 무던한 성격은 언니를 돋보이게 하는 강점이었다.

시간이 지나 아들이 귀한 집안에서 보물 같은 남자아기가 태어났다. 남동생의 탄생으로 나의 앞날에 힘든 일들이 조금씩 생기기 시작했다. 더구나 남동생은 '예쁜 아기'로 여겨지는 최상의 표본이었다. 잠을 잘 자는 것은 물론 식성이 좋아 엄마 젖을 잘 먹었다. 하얗고 뽀얀 피부에 통통한 몸까지, "그놈 참 잘생겼다." 또는 "그놈 참 복되게 생겼다." 등 동생을 볼 때면 누구나 습관처럼 내뱉는 말이었다. 동생은 그런 찬사와 함께 집안의 사랑을 독차지했다. 나는 본능적으로 이 경쟁 구도에서 치열하게 살아가는 법, 사랑받는 걸 넘어 쟁취하는 법을 알고 있었다. 사랑을 뺏겼다고 생각한 내가 할 수 있는 건 단순했다. 엄마 아빠의 시선을 끊임없이 갈구하고 두 분의 사랑이 나에게로 향하게 하는 것이었다.

상처가 되었던 할머니와 할아버지의 소리는 이제 기억에 없지만, 환청으로 깔려 있다가 나도 모르는 사이에 한 번씩 들리곤 한다. 순간순간 올라오는 그 소리는 지우고 싶은 과거라는 늪에서 나를 끊임없이 괴롭혀왔다. 나는 지금도 무의식 속에서 본능적으로 많은 것을 쟁취하려는 노력을 아끼지 않는다. 사랑을 갈구하며 얻어내려고 했던 지난 나를 돌아보면 가끔 두려워진다. 이제는 세상에 없는 할머니가 한숨과 함께 뱉어냈던 그 소리는 왜 지워지지 않을까? 어째서 손녀를 지금까지 괴롭히고 있는 걸까?

세대를 지나 그분들을 대신한 부모님을 보며 자식과 부모의 관계에 대해 생각해본다. 이 인연이 우애수(친화수)의 관계는 아니었는지, 수의 말에 귀를 기울인다. 평행하든 교차하든 우애수는 항상 서로 마주하고 함께 움직인다. 마치 복제품인 것처럼. 우애수는 존재하는 두 수의 쌍에서 어느 한 수의 진약수를 모두 더하면 마주하는 다른 한 수가 된다.

가령 220(1＋2＋4＋5＋10＋11＋20＋22＋44＋55＋110＝284)과 284(1＋2＋4＋71＋142＝220)는 대표적인 우애수이다. 이 수의 근원으로 들어가보면 아름다운 부모와 자식의 관계와 사랑을 볼 수 있다. 우애수가 전하는 수학의 말은 '아름다움을 창조한 관계의 조화'라고 할 수 있다. 시간이 흐르면서 필연적으로 찾아오는 노화는 삶이 유한하다고 말하지만, 세대에서 세대로 전해주는 아름다운 의식과 기억은 삶이 무한함을 말한다.

이제는 지워버리고 비워내고 싶은 그 목소리의 주인은 할머니도 할아버지도 아닌 그분들의 환영이었다. 그것까지 미워했던 나는 지금 누구보다도 맑고 밝게 성장했다. 부모님이 주신 아름다운 사랑으로. 이제 다시 세대를 전환해 나의 자식과 그 사랑을 나누고 있다. 오늘도 난 영속된 삶 속에서 우애수의 아름다운 친화와 조화를 돌아보며 살아간다.

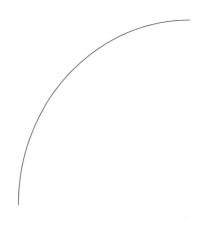

세상 처음으로
마주한 수

'밝다. 너무 눈이 부신다.'

세상에 나오기 위해 꼬물꼬물 움직이던 나는 계속 눈을 뜨고 있기가 부담되어 다시 꼭 감아버렸다. 이번에는 부드럽고 조용한 멜로디가 규칙적으로 연하디연한 내 청각을 자극했다. 나오기 전에 있었던 세상보다는 건조했지만 습도는 꽤 정확했다. 온도 역시 소스라치게 놀랄 만큼 차갑거나 뜨겁지 않은 걸 보니 우리의 소중한 만남을 위해 엄마와 아빠가 미리 준비했나보다. 불과 몇십 분 전까지 잠들어 있던 나를 괴롭히고 깨워서 새로운 세상과 마주하게 한 부모님과 여러 사람들을 놀려줄까 하는 마음도 있었다. 여러 번 문을 두드리는 그들이 귀찮아 '이제는 나가야지.' 하며 가볍게 생각했지만, 밖으로 나오는 일은 쉽지 않았다.

보호받고 있던 곳과 전혀 다른 세상을 접하는 건 여간 까다로운 게 아니었다. 나오는 길은 어두웠다. 엄마의 노력 없이는 혼자서 아무리 힘을 주어도 겨우 꼬물 한 발짝을 뗄 뿐이었다. 엄마의 체력이 매우 중요했다. 한 발짝 떼려는 나의 노력과 엄마의 끈기 있는 에너지의 합작품으로 드디어 세상의 빛을 보았다. 흰 가운을 입은 한 사람, 다른 옷이지만 복장이 같은 세 사람, 나를 아가라고 부르며 엄마와 나를 이어주는 줄을 자르던 아빠 그리고 마지막으로 엄마와 눈을 마주치자 내안에서 불꽃 같은 의무감이 생겼다. 울어야만 할 것 같은 의무감이. 길을 잘 찾아서 새로운 세상과 마주하고 두 분과 첫 대면을 한 것이 얼마나 행복한지 두 분께 큰 소리로 알려주고 싶었다.

그런데 그 순간 모두가 나를 향해서 큰 소리로

무엇인가를 계속 요구했다. 이제 겨우 세상과 마주한 지 60초밖에 되지 않은 나는 그 사이 처세술이 저절로 생겼는지 그게 무엇인지 정확하게 알 수 있었다. 나는 세 번의 심호흡을 대신해서 입을 삐쭉거렸다. 그리고 모았던 힘을 큰 호흡으로 뱉어내며 비명에 가까운 소리를 질렀다.

"응~애!!"

숨죽이며 지켜보던 모두의 박수가 터졌다. 그러다 그들이 갑자기 물속으로 다시 나를 빠뜨렸다. 아빠는 물속에 있는 나를 흔들어대며 "사랑한다, 아가야! 이 세상에 태어나줘서 감사해. 널 만나게 되어 아빠는 정말 행복하다. 사랑한다, 아가야!"를 반복하며 눈물을 계속 훔쳤다. 아직 침대에 누워 있는 엄마와 마주쳤다. 그 그윽한 눈을 바라보며 궁금증이 생겼다. 엄마는 언제까지 저기에 누워 있어야 하는 건지, 난 빨리 엄마 냄새를 맡고 심장 소리를 느끼고 싶은데……. 갑자기 엄마가 신음과 함께 괴로워하며 통증을 호소하고 참았던 소리를 질렀다. 아직 엄마의 고통은 끝나지 않았다.

지금은 십이월, 한 해가 마무리되어가는 시점이다. 망각이라는 신의 선물이자 노여움으로 많은 시간이 사라졌고, 기억도 지워졌다. 시간이 사라지면서 삶 곳곳에 구멍이 뚫렸다. 사실 사라진 시간은 암 투병 중 죽음에 직면한 아버님의 눈을 바라보며 생각하게 되었다. 아버님이 기억하는 삶의 시간은 파노라마와 같이 쭉 연결되어 있을지, 아니면 내 기억처럼 곳곳에 구멍이 뚫린 것처럼 사라져 있을지 궁금했다. 더구나 아버님은 살아온 시간이 훨씬 더 길다 보니 기억해야 할 기록들도 빠른 분류가 필요했을 것이다. 이럴 땐 김초엽 작가의 단편소설 「관내 분실」처럼 내 삶의 아픔과 추억을 통째로 저장할 데이터 공간이 절실히 필요하다. 그리고 그것을 보관해줄 도서관도.

　　나의 세 살, 아홉 살, 스물일곱과 스물여덟 살 삶에는 구멍이 너무나 많았다. 태어나는 것도 나의 의지가 아니었고 태어나서부터 얽힌 관계도 나의 의지로 시작한 것이 아니었다. 살아오는 동안 나는 과연 '무슨 수'를 쓸 수 있었을까? 여기에서 수는 숫자를 뜻하는 수이기도 하고, 방법과 수단을 뜻하는 수이기도 하다. 나는 세상과 처음 마주하고부터 숫자에 끊임없이 자극을 받았다. 삶은 나에게 '4'를 처음 선물했다. 가족이었다. 다음은 '5'였다. 좀 다른 모습의 가족이었다. 성장하면서 이 '무슨 수'는 한결같이 나와 함께했다. 때론 숫자로 때론 수단과 방법으로 찾아왔다. 나에게 수는 내 운명을 받아들이고 삶을 사랑하게 하는 마음이었고, 가족의 사랑이었다. 결혼을 하고 나서 우리 집안은 '16'이라는 구성원으로 되어 있었다. 16은 2의 거듭제곱이고 소인수분해를 하면 소인수가 2뿐이다. 다시 말해 1, 2, 4, 8, 16이 약수인 수이다. 모든 약수가 2의 거듭제곱으로 되어 있다. 16은 가족 전체를 이루는 의미도 있지만 그것보다는 짝을 이루는 둘, 넷, 여덟의 의미가 더 크다고 할 수 있다.

16이었던 숫자는 이제 '17'이 되었다. 17은 소수이다. 소수는 물질의 가장 작은 단위인 원자와 같은 의미라고 할 수 있다. 소수는 약수를 1과 자신만을 갖는 수를 뜻하므로 원자처럼 더 쪼갤 수 없다. 우리 가족은 각자의 자리에 있을 때보다 가족이라는 전체수에 포함되어 있을 때, 사랑과 책임감이 빛을 발한다.

　　태어나면서부터 함께해온 수는 단순히 숫자에 머물러 있었던 내 시선을 확장했다. 가치관, 자연관, 방법, 수단, 감정까지. 언제나 수는 모든 순간 나와 함께하고 있었다. 결국 먼 길을 돌아온 깨달음이다. 오늘도 나는 수를 삶과 자연에 연계하고, 일상에 대입하며 살고 있다.

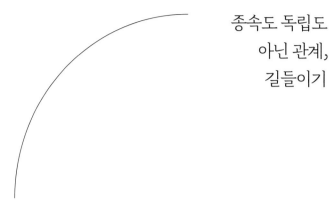

종속도 독립도
아닌 관계,
길들이기

일요일 오후, 오랜만에 찾아온 여유로움에 흠뻑
빠져 있을 때, 갑자기 벨이 울렸다. 불청객의 방문은 불
편한 마음으로 이어졌다. 배송지를 잘못 찾아온 택배라
고 생각하며 내키지 않은 걸음을 겨우 움직였다. 그런
데 문을 열어본 그곳엔… 움직이는 생명체가 있는 게
아닌가! 아주 작은 거북이 두 마리가 임시 제조된 작은
집에서 조금씩 꿈틀거리며 눈도 맞추지 못하고 있었다.
얼마 전에 딸이 키우고 싶어 한다고 남편이 관심을 보
이며 얘기한 적이 있었다. 그 후 잊고 지냈는데 실물을 만난 것이다.

갑자기 방문한 거북이를 맞이할 준비는 전혀 되어 있지 않았다. 아직 봄이 완전히 자신의 영역을 찾지 못했을 때라 거북이들의 체온 유지를 위한 히터와 일광욕을 시키는 도구도 필요했다.

'봄이'와 '꽃샘이'는 천천히 우리 가족이 되어갔다. 그 과정에서 서로를 길들인다는 것과 서로에게 길들여진다는 것에 대해 생각해보았다. 나는 존재한다. 나는 그를 만나서 사랑을 했고 가정을 이루었다. 둘이 하나가 되어 사랑의 씨앗인 아이들과 함께하게 되었다. 그리고 따뜻한 봄의 기운을 잔뜩 몰고 선물처럼 찾아온 봄이와 꽃샘이까지 함께하니, '4'의 집합이었던 우리 가족은 이제 '6'으로 더욱 안정되고 단단해졌다. 6은 완전수이다. (수학에서 완전수는 그 약수 중에서 자신을 제외한 나머지 약수들의 합이 자신과 같은 자연수이다).

그러던 중 우리 가족에게 조금씩 문제가 생겼다. 거북이들의 식사와 일광욕, 어항 청소 등을 미루기 시작하면서 서로를 조금씩 비난하게 된 것이다. 이 일로 생각해본 '길들이기'를 얘기해보려고 한다.

> "길들인다는 게 무슨 뜻이지?"
> "그것은 관계를 맺는다는 뜻이야."
> "관계를 맺는다고?"
> "그래, 너는 아직 내게 수많은 다른 소년들과 다름없이 한 소년에 지나지 않아. 그것은 너도 마찬가지일 거야. 나는 너에게 수많은 여우 중에 그저 똑같은 한(1) 마리 여우에 지나지 않았을 테니까. 하지만 네가 나를 길들인다면 너는 내게 이 세상에서 단 한(1) 사람이 되는 거고, 나는 너에게 둘(2)도 없는 여우가 되는 거지."
> ―앙투안 드 생텍쥐페리, 『어린 왕자』

'길들이기'는 종속도 독립도 아닌 관계 맺기이다. 수학에서 확률을 계산할 때, 종속 사건과 독립 사건이 있다. 사건 A, B에 대하여 한 사건의 발생이 다른 사건의 발생에 영향을 미칠 때, 이들을 종속이라고 한다.

$$P(A|B) = P(A|B^c) = P(A)$$

$$P(B|A) = P(B|A^c) = P(B)$$

이때 사건 A와 B는 서로 독립이라고 한다. 독립 사건이란 A라는 사건이 일어나든 일어나지 않든 B라는 사건의 발생에 영향을 미치지 않음이다. 또, B라는 사건이 일어나든 일어나지 않든 A 사건의 발생에 영향을 미치지 않음이다. '길들이기'는 경우마다 독립 사건이 될 수도 있고 종속 사건이 될 수도 있다.

결혼과 동시에 부정적 일들과 경험은 끝이지 않았다. 가장 강하게 찾아온 건 경제적 위기였다. 누구의 책임인지 모를 위기는 이제 막 결혼한 내 앞에 자리하고 있었다. 그때 누군가의 제안으로 어쩔 수 없이 선택한 꽃가게는 그 위기에서 우리를 구해줄 유일한 희망이었다.

가게를 오픈하던 날, 상호와 로고가 적힌 간판을 달면서 행복감에 젖었다. '꽃과 어린 왕자'라는 상호는 우리 부부의 출발을 축복하는 시누이가 지어준 선물이었다. 우리 가족과 가장 닮은 것을 생각하던 중 떠올랐다고 했다. 그렇게 '꽃과 어린 왕자'는 내게 운명과도 같이 찾아왔다.

가게를 운영하면서 예상보다 무거운 일들이 생겨나기 시작했다. 나의 마음은 빚과 가족에게서 분리될 수 없었다. 가장 큰 문제는 돈을 좇기 시작했다는 것이다. 누구보다도 빛나는 독립을 꿈꾸면서.

가게를 운영할 때 무엇보다도 중요한 건 근면과 성실함이다. 그 외에도 계절과 시간적 흐름에 따른 특별한 감각이 필요했다. 운이 좋았는지 흐름을 잘 타며 생활은 점차 나아졌다. 곧 경제적 위기에서 벗어나리라는 희망이 보였다. 하지만 어느새 나는 돈에 종속되고 있었다. 매일 일과를 마치면 최고 매출액을 달성하고 싶다는 생각이 나를 강하게 채찍질했다. 욕심이 마음을 가득 채웠고 생각은 점점 복잡해졌다.

비가 내리는 날 매출 감소의 사례를 들어보자. 하루 매출 목표액을 달성할 확률은 비가 오는 경우를 0.9, 비가 오지 않은 경우를 0.3이라고 가정한다. 오늘

비가 올 확률이 0.6이라 하면 우리 꽃집의 하루의 매출 목표액을 달성할 확률은 얼마일까?

오늘 비가 오는 사건 : $P(A)=0.6$

하루 매출 목표액을 달성하는 사건 : $P(B)$

비가 올 때 하루 매출 목표액을 달성하는 사건 :

$P(B|A)=0.9$

비가 오지 않을 때 하루 매출 목표액을 달성하는 사건 :

$P(B|A)=0.3$

∴ 오늘 하루의 매출 목표액을 달성할 확률

= 비가 오는 날 하루 매출 달성액

+ 비가 오지 않는 날 하루 매출 달성액

= $0.6 \times 0.9 + (1-0.6) \times 0.3 = 0.66$

내 기분과 감정은 장사의 호황과 불황에 따라서 크게 달라졌다. 일반적으로 꽃집은 2, 5, 12월처럼 호황인 달은 있으나 요일에는 크게 영향을 받지 않는다. 하지만 이런 경우도 생각해볼 수 있다. 매출이 높은 날의 다음 날 장사가 잘될 확률을 0.7, 매출이 높지 않은 날의 다음 날 장사가 잘될 확률을 0.5라 할 때, 일요일에 장사가 잘되고 화요일에도 장사가 잘될 확률은 두 가지다.

1. 일요일(○) 월요일(○) 화요일(○) : 종속 사건
2. 일요일(○) 월요일(×) 화요일(○) : 종속 사건

1번과 2번 사건은 독립적이라 할 수 있다. 두 사건은 각각 서로의 사건에 영향을 주지 않으므로 1번의 확률+2번의 확률은 $0.7 \times 0.7 + 0.3 \times 0.5 = 0.64$이다.

위의 사례와 같이 장사가 잘되는 요일이 잘 안 되는 요일에 영향을 미치는 것은 감정이나 그날의 컨디션과는 관계가 있더라도 필연적인 인과관계가 있다고는 볼 수 없다. 때로는 종속적인 것처럼 보이는 상황 안에서 독립적인 일들이 진행된다. 확실하지 않은 확률에 얽매어 행복하지 않은 고민을 더 할 필요가 있을까 하는 생각이 들자, 이제는 종속의 끈을 끊어야 했다.

그 후 이 년 넘게 운영한 꽃집을 접고 현재의 모

습과 상황에 집중하다 보니 오히려 나를 생각하는 시간이 찾아왔다. 그리고 돈에 대해서도 조금씩 독립적으로 바뀌는 나를 발견했다. 이 또한 삶의 흐름에서 찾아온 '길들이기'가 아닐까? 종속적인 것과 독립적인 것을 구분 없이 위 문제에서 보이는 것처럼 하나의 사건이 확률로 나타날 때는 각각의 종속적인 사건들이 독립적 사건 안에서 일어나거나 각각의 독립적 사건들이 종속적인 사건 안에서 일어난다는 것이다.

길들이기는 '특별함으로 스며듦'이다. 우리 가족의 구성원으로 받아들여진 순간부터 봄이와 꽃샘이가 우리 가족에게 특별해진 것처럼, 우리는 각자 서로에게 스며들었다. 1에서 시작된 우리 가족의 관계는 6으로 마무리된다. 1이 우뚝 솟아 자신의 모습을 강조하는 수라면, 6은 서로에게 스며드는 수다. 앞서 말했듯 6은 완전한 사랑과 이해의 마음으로 가는 완전수이기도 하다. 우리 가족은 서로 함께할 때 각자를 존중하고 인정해주는 관계야말로 진정한 '길들이기'임을 깨달았다. 너무 멀리서 답을 찾고 있었다.

✖

$P(B|A) = P(A \cap B)/P(A)$ (단, $P(A) > 0$) : 조건부 확률

→ 조건부확률

일반적으로 표본 공간 S의 두 사건 A, B에 대하여 사건 A가 일어났다는 조건 아래에서 사건 B가 일어날 확률을 사건 A가 일어났을 때의 사건 B의 조건부 확률이라고 하고, 이것을 기호로 $P(B|A)$와 같이 나타낸다.

→ 6(=σ 시그마)

숫자 6을 시그마(평균에서 각 데이터까지의 차, 거리의 값을 말함)와 같은 것으로 본 것은 우리를 완전수 6과 같이 평균에 가까운 가장 평범한 존재로 생각했기 때문이다.

→ 시그마(=σ)

σ와 Σ는 동음이의어이다.

Σ: 수열의 합의 기호

2
노릇이라는 좌표

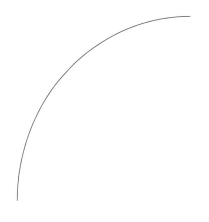

부모 자식의
자리이동

　　우리 사회에서 규정한 '자식 노릇'에는 부모에
대한 공경과 효가 있다. '부모 노릇'에는 양육이라는 의
무와 자식에 대한 사랑이 있다. 나는 자식이자 부모다.
책임감을 가지고 부모에게 효를 다하고, 자식에게 조건
없는 사랑을 주었다. 나의 자리는 결혼 이전에도 이후
에도 이중적이었다. 확장해서 생각하면 다중적이라 할
수 있다.

　　자식과 부모 노릇의 공통점은 경제력이 확보되
어야만 일차적 책임을 다한다는 것이다. 여기에 사랑은

보너스이다. 덤으로 따라오는 것이므로 이 자체만으로는 힘을 발휘할 수 없다. 어쩌면 사랑은 경제력과 함께 다니는 부속 요인일지 모른다는 생각을 했다. 경제력이 들어 있지 않은 마음은 한국의 현실에서는 그저 이상적으로 보일 뿐이다. 그렇다면 우리네 부모님은 능력 없는 자식을 어떻게 바라볼까? 안타까운 마음이 앞설까? 아니면 능력이 되는 자식에게 가려진 그림자쯤으로 비칠까?

　　원에 내접하는 삼각형에서 한 호에 대한 중심각과 원주각의 관계를 살펴보다가, 부모와 자식의 노릇과 사랑이 수식으로 연상되었다. 한 호에 대한 중심각을 부모의 사랑이라고 가정하면, 그 호에 대한 무수히 많은 원주각은 자식의 사랑이라 할 수 있다.

중심각＝원주각×2
부모의 노릇＝자식의 노릇×2
부모의 사랑＝자식의 사랑×2
$a/sinA = b/sinB = c/sinC = 2R$

（원에 내접하는 삼각형에서 a, b, c는 변의 길이
A, B, C는 각의 크기 / R은 반지름）

원에 내접하는 하나의 삼각형에서 원주각의 크기에 대응되는 호의 길이는 원주각에 비례한다. 사인값 또한 마찬가지다. 그러므로 부채꼴의 호에 대한 원주각의 크기나 사랑이 극대화될 때, 변의 길이인 마음 씀이나 경제력 또한 극대화된다. 원의 반지름 길이는 어디서나 일정하다. 여기서 일정한 거리는 부모의 사랑과 관심이다. 원에서 가장 긴 지름은 서로에 대한 사랑과 마음 씀, 경제력의 총체인 '노릇'인 셈이다.

이 비의 값으로 다 담아내기는 부족하지만, 대체로 노릇이나 사랑의 비율은 일정하게 나타난다. 부모에게는 자식보다는 훨씬 큰 경제적 지원을 해야 한다는 의무감이 있다. 사랑도 마찬가지이다. 부모는 자식에게 아가페적인 사랑을 베푼다.

역으로 자식에게는 조건과 능력이라는 특권이 있다. 자식들은 의무감으로 많은 것을 해결하지만, 때

로는 조건이 맞지 않아 의무를 다하지 못하는 경우도 있다. (물론 예외적으로 현실에서는 성립하지 않는 경우도 있다.)

2000년이 여러 해 지난 어린이날이었다. 그 몇 년 전부터 우리 가족에겐 어린이날과 어버이날의 구분이 모호해졌다. 나는 내 아이들을 챙기기 이전에 어버이날을 앞당겨 시부모님께 감사의 마음을 전하는 시간을 가졌다. 중식당의 코스 요리를 맛보며 다소 과장된 목소리와 동작으로 담소를 나누었다. 그때까지 자식 노릇은 아주버니 혼자서만 해온 서글픈 특권이었다. 곁에 있던 나머지 자식들은 소외된 행복만을 누릴 수 있었다. 나는 나름 큰마음을 담아 음식과 꽃바구니, 딸이 준비한 선물을 선보였다. 경제력으로 볼 때는 소소하지만 노릇에 충실하고자 하는 마음을 담아서.

경제력으로 충분히 베푼다고 해서 효를 다한다고 할 수는 없다. 하지만 돈이 없다면 시간과 마음이 이를 대신해야 한다. 그 이상의 시간과 마음을 쏟아부어야만 자식 노릇을 제대로 하고 있다는 착각에 빠지곤 한다. 어버이날이 가까워지면 항상 이런 고민으로 불편해졌다. 그러다가 '나'를 한국 사회에 있는 자식의 표본으로 삼고 이 딜레마를 정리해보았다.

첫째, 나의 자식 노릇은 과연 양가 부모님과의 사이에서만 한정되어야 하는 걸까? 나는 엄마에게 돈을 입금하고 언니와 맛있는 걸 먹고 즐거운 시간을 보내라고 당부했다. 그나마 용돈을 보내드릴 수 있음을 다행으로 여기면서.

둘째, 나는 자식 노릇에서도 가장 중요한 건 내면에 숨어 있는 마음 씀이라고 생각한다. 그러나 현실은 형식적일지라도 강력한 경제력이 효와 사랑을 덮는다.

셋째, 이런 과정에서 오는 스트레스의 시작인 관계를 확실하게 맺고 싶다.

스스로 묻는다. 나는 과연 자식에게 어떤 부모인지. 시간이 흘러 어떤 부모로 자리매김이 되어 있을지. 또한 부모에겐 어떤 자식인지. 아픈 자식, 든든한 자식, 자랑스러운 자식, 여러 가지 경우를 생각해본다.

나는 딸 노릇, 아내 노릇, 며느리 노릇, 친인척 노릇 등 집안에서 많은 '노릇'을 해야 했다. 어쩌면 나는 이것을 철저히 해야 한다는 의무감으로 살아왔는지도 모른다. 압력과 압박으로 때론 숨을 쉬기 힘들었다. 이 노릇을 잘하는 기본이 경제력이라는 사실은 나를 힘들고 슬프게 했지만, 더 단단하고 강하게 만들었다.

$f(x) =$ 노릇

$f(x) =$ 사랑과 정성 $\times$ 현실에서의 경제력

$=$ 마음 씀과 책임감 $\times$ 현실적 경제력

✽

· 원에 내접하는 삼각형: 삼각관계, 관계의 표본이라 할 수 있다.

· 내접하는 삼각형의 한 변: 총 3개의 변, 자리, 노릇

· 활꼴: 현과 호로 이루어진 활 모양의 도형 (중심각의 크기에 정비례하지 않는다)

· 2개의 반지름+호=부채꼴 (중심각의 크기에 정비례한다)

한 호에 대한 중심각은 오직 한 개이고

한 호에 대한 원주각은 무수히 많다.

· 중심각=원주각×2 / 가장 긴 현=지름

사인(*sin*) 법칙

$a/sinA=b/sinB=c/sinc=2R$

각의 크기: 사랑의 크기, 효의 크기

변의 길이: 마음(내면의 씀), 경제력(외형의 씀)

엄마의 사랑은
위로 볼록한
이차곡선을 닮았다

　　말똥말똥 눈을 뜨고 천장을 바라보고 있었다. 어둠 속에서 얼마나 긴 시간 누워 있었는지 모른다. 최근 무거웠던 집 안 공기보다 더 답답한 시간 속에서 벗어나지 못하고 있었다. 몽롱한 머릿속이 복잡해질 때쯤 누군가 방으로 들어왔다. 들어오면서부터 시선은 나를 향하고 있었다. 신기한 건 그 시선이 전혀 답답하거나 불편하지 않았다. 오히려 온기가 느껴졌다. 초점 없이 천장을 향해 있던 내 눈동자가 불현듯 온기를 의식했다. 양해도 없이 문을 열고 내 옆으로 온 그 사람은 내가 덮고 있던 이불을 나눠 덮으며 조용히 속삭였다. 차분하고 후련한 기색이 담긴 목소리였다.

"이제 해보고 싶은 건 다 해봤지? 미련도 아쉬움도 없이?"

"엄마, 정말 미안한데, 좀 도와주면 안 될까?"

열아홉 살이 시작된 겨울, 내 삶에 전환이 되는 변곡점이 있었다. 그때부터 나는 그동안 참고 눌러왔던 내면의 욕구들을 하나씩 꺼내기 시작했다. 꺼낸 욕구는 내가 감당하기 힘든 것들이었다. 고3 시절까지 깊이가 얕았던 인내는 대학 입학 시험이 끝난 것과 동시에 거품처럼 소멸해버렸다. 힘이 들었다. 나 혼자만 힘이 드는 줄 알았다. 내 체력으로 감당하지 못할 몇 배의 무게가 나를 강하게 짓누르고 있었다. 그런데 나를 구원해줄 구원자가 바로 옆에 있었다.

엄마는 안 그래도 복잡하던 마음이 일방적이고 이기적인 내 제안으로 답답해졌다. 언제까지 되풀이해야 끝이 나는 건지, 엄마는 이젠 더는 안 된다고 강하게 고개를 젓고 싶었을 것이다. 하지만 강하게 거부하려는 마음과는 달리 나를 바라보는 눈빛에서 이미 제안을 거의 허락했다는 뜻이 담겨 있었다. 더 이상 에누리 없이, 거래는 싱겁게 끝나버렸다.

할머니를 일찍 여의면서부터 엄마의 삶은 힘들어졌다. 장녀라는 책임감이 몇 배 몇십 배 무게가 되어 엄마를 짓눌렀다. 엄마는 장녀에 이어 오빠와 동생들에게 엄마가 되어야 했다. 하지만 집안의 경제적 문제나 지쳐 있는 엄마는 내 욕망을 채우는 데 전혀 걸림돌이 되지 않았다. 내 욕구를 채우느라 주변의 희생이 눈에 들어오지 않았다.

왜 그렇게 노심초사했던 걸까? 엄마는 최선을 다해서 나에게 사랑을 쏟아부었다. 그런데도 항상 부족한 것처럼 아쉬워하고 미안해했다. 어려운 집안 사정과 불편한 마음에도 엄마는 아빠로부터 보호벽이 되어주었고, 내가 과감히 저질렀던 일까지 최선을 다해서 도왔다. 세상에 존재하는 '엄마'는 모두 그런 줄 알았다. 이 고유명사의 내면에는 무조건 헌신적이고 한결같이 따뜻한 마음이 있어야 한다고 생각했다. 일종의 의무

같은 게 포함되는 줄 알았다. 훗날 아닌 경우가 훨씬 많다는 것을 깨닫게 되었지만.

　　　엄마의 사랑을 아가페적인 사랑이라고 확신했을 때, 그것은 이차곡선의 모양을 하고 있었다. 위로 볼록한 이차함수 꼴의 그래프는 최댓값을 가진다. 함수가 시작되었던 0 이상의 범위에서부터 함숫값은 점점 커진다. 경계의 최고치에 도달했을 때 사랑이라는 에너지는 가장 활발하고 안정적이다. 여기에서 가장 아름다운 곡선의 모습을 볼 수 있다. 이후 최댓값인 이 변곡점을 기준으로 에너지는 고갈되기 시작한다. 최댓값이었던 이차함수의 함숫값 또한 작아진다.

　　　수학은 위로 볼록한 모양의 이차함수를 통해 '엄마의 사랑'을 전한다. 사랑은 에너지의 총체이다. 역학적 에너지는 운동에너지와 위치에너지의 합으로 나타난다. 위치에너지가 최대인 최댓값에서 운동에너지는 0이다. 운동에너지가 최대인 x축과 만나는 점에서 위치에너지는 0이다. 그러므로 위로 볼록한 이차곡선에서 엄마의 사랑을 나타내는 역학적 에너지의 값은 항상 일정하다. 어떤 모습이 더 드러나든 엄마 사랑의 총량은 항상 같다.

엄마와 나의 동상이몽에서 사유의 시간은 점점 깊어만 간다. 다음 날 새벽 갑작스럽게 기차에 몸을 싣는 것처럼, 다음으로 준비된 즉흥적인 일들을 예고라도 하듯 내 숨소리는 점점 깊고 거칠어진다. 여전히 엄마는 숨 고르기를 도와주며 따뜻한 시선으로 나를 바라본다. 두려움과 뒤섞여 통통 튀는 움직임을 가로막지 않고 다시 순서를 정해준다.

엄마가 따뜻한 눈으로 나를 살피며 옆에 와서 누웠던 그 시간, 나는 억지를 부리는 마음과 엄마의 사랑 사이에서 고민하고 있었다. 방어막과 보호벽이 되었던 기억 속 엄마의 사랑은 항상 든든했다. 그게 엄마의 사랑이었다. 그게 엄마의 모습이었다. 엄마는 그렇게 해야만 했다.

✖

$a < 0$일 때

$y = ax^2 + bx + c$ (일반형)

이차함수의 최댓값 존재

$y = a(x-p)^2 + q$ (표준형)

1. 제한 범위가 없을 때,

　$x = p$에서 최댓값 q를 갖는다.

2. 제한 범위가 있을 때,

　$x = p$가 제한 범위 안에 있는지 확인한다.

・ $x = p$가 제한 범위 내 있을 때,

　$x = p$에서 최댓값 q를 갖는다.

・ $x = p$가 제한 범위 내 없을 때,

　범위 내 x값을 대입했을 때 나온 값 중

　가장 큰 값이 최댓값이다.

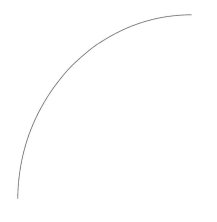

먼발치에서
바라보는
원의 사랑

　　원에 대한 나의 사랑은 무한에 가깝다. 누군가의 이미지에서 원을 발견하거나 느끼면, 그를 향한 마음이 조건 없이 적극적으로 표출된다. 평소 내 성향과 다른 돌발적인 모습에 내가 깜짝 놀랄 정도로. 원이 내 안 깊숙이 들어온 건 그날부터였다.

$$x^2 + y^2 = r^2$$
$$(x-a)^2 + (y-b)^2 = r^2$$

반지름의 길이가 r인 한 원 위의 모든 점까지의 거리는 중심으로부터 일정하다. 좌표평면을 가득 채운 원의 방정식($x^2 + y^2 = r^2$)을 풀어나갈 때였다. 대수롭지 않았던 원이 갑자기 빛을 내며 반짝거리기 시작했다. 반지름의 길이가 제각각 다른 원들이 완벽한 균형과 곡선의 아름다움으로 빛나고 있었다. 그 모습에서 한 사랑이 강렬하게 떠올랐다. 부모의 사랑이었다. 균형 잡히고 절제된, 일정한 간격을 유지하는 그 사랑은 심장을 닮은 하트가 아니라 온전한 곡면의 원이었다.

학창 시절의 수학 교육과정을 돌아보면 대수와 기하 편을 통틀어 함수와 원을 떼어놓고 말하기는 쉽지 않다. 다행히도 나는 함수와 원을 학습할 때 거부감이 크게 없었다. 곡선과 곡면 중에서도 원에 대한 애착이 유독 강했기 때문이다. 잠시 원의 정의를 살펴본다.

원은 중심으로부터 일정한 거리에 있는 점들의 자취, 흔적이다. 원을 생각하면 우리 삶에 묻어 있는 다양한 사랑의 모습이 보인다. 원의 사랑은 맹목적이지 않고 먼발치에서 바라본다. 일정한 거리를 두고 있지만 관심이 한결같다. 사랑이 더 풍족하다고 넘치게 주거나, 부족하다고 칼같이 차단하지 않는다.

나에게 원은 부모의 사랑으로 이어진다. 가장 중요한 메시지는 한결같음이다. 현실에서 만족스럽지 못한 환경에 있는 자식이나 반대로 능력이 있는 자식, 그 누구에게도 주는 사랑과 에너지는 같다. 물론 좀 더 마음이 가거나 의지하는 자식은 있겠지만, 그렇다고 그 사랑이 더 크다고 할 수는 없다.

수업 시간, 학생들에게 원에 대한 나의 사랑과 애착을 표현한 적이 있다. 진정한 사랑이라고 생각한다는 말과 함께. 대부분 아름답다는 마음을 표현했는데 곰곰이 생각하던 학생 M이 물었다. 연인 사이에도 원의 사랑이 적용되는지. 연인의 사랑은 불타올랐다 쉽게 꺼지기도 하고, 희미한 불씨만 있다가도 특별한 계기로 활활 타오르기도 한다. 이런 사랑은 다항함수에 더 가깝다. M은 다시 원의 방정식에서 중심이 변하는 평행이동을 예로 들면서, 내가 말한 한결같은 원의 사랑이 왜 변하는 건지 이해할 수 없다고 했다.

평행이동은 원의 중심이 변한 것이지 반지름이 변하는 것이 아니다. 사랑의 크기나 사랑 자체가 사라져버리는 게 아니라, 시기에 따라 그 대상이 달라지는 것이다. 나의 경우 어릴 때는 가족에게로 커가면서는 친구로 그다음은 배우자로 그리고 아이들에 이르기까지, 시기마다 대상이 달라졌다. 하지만 사랑의 색깔이나 크기 자체가 달라지지는 않았다.

다시 기준을 부모님으로 가져가본다. 부모의 사랑은 매 순간 아가페적이다. 하지만 훨씬 절제되고 적당한 거리에서 지켜보며 주는 사랑, 그게 바로 원의 사랑이다. 부모의 사랑을 원의 방정식으로 떠올린 건 원의 중심에서 원 위에 이르는 일정한 거리, 반지름을 어디서 어떤 상황에서나 한결같은 사랑, 적당한 거리에서의 먼발치의 사랑으로 느꼈기 때문이다.

원의 방정식을 좌표평면에 옮겨 그리고 또 그린 지 삼십 년이 훌쩍 지났다. 좌표평면 위에 원을 그려 넣으며 우연히 알게 된 모성애, 그리고 조금 다른 색깔의 부성애. 그때부터 그곳에 넘쳐나는 사랑 에너지가 있음을 알고 있었다. 재고 따지기 전에 믿음으로 보여준 한결같은 부모의 사랑이다. 지금까지도 멈추지 않고 변하지 않은 주는 사랑을 원으로부터 배운다. 부모의 사랑일까. 원을 향한 나의 무한한 사랑일까. 드러내지 않은 한결같은 먼발치의 사랑이 원의 모습과 쌍둥이 별자리처럼 데칼코마니를 이루며 더 강한 빛으로 반짝인다.

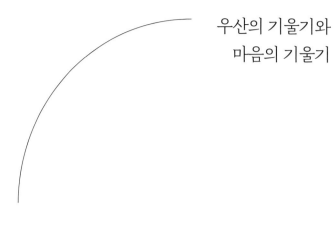

우산의 기울기와
마음의 기울기

습도 가득한 날이면 몸이 먼저 반응한다. 평소와 다르게 일어나기 힘들고 몸이 무거워지면 어김없이 습도를 가득 안고 있던 비가 한바탕 쏟아진다. 겨우 몸을 일으켜 세우고 창가로 갔다. 창밖으로 보이는 하늘은 어둠으로 주변을 가득 물들였다. 비는 조용히 내렸다가 빗줄기가 더 굵어지기를 반복했다.

딸의 등굣길에 여러 가지 얘기를 나누면서 우산을 꼭 챙길 것을 당부했다. 짐이 하나 늘었다고 불평하며 우산을 챙겨 나가는 딸의 모습을 바라보며 비와 우산에 대해 머릿속에 떠오른 이미지들이 있었다.

하나, 고등학교 시절 비 내리던 어느 날에 우산을 씌워준 수학 선생님의 따뜻한 마음이다. 선생님은 이름에 대해 의미 부여를 했고, 이후 내 이름에 대해 스스로 생각하는 가치가 달라졌다.

둘, 『영이의 비닐우산』(윤동재 글, 김재홍 그림, 창비, 2005)이라는 그림책에는 여러 의미의 우산이 나온다. 이 책의 표지에는 찢어진 초록 비닐우산이 보인다. 크기에서부터 영이를 압도하듯 표지를 가득 덮고 있다.

영이는 등굣길에 비를 맞으며 잠들어 있는 거지 할아버지를 만나게 되는데, 할아버지의 찌그러진 빈 깡통에서 넘치는 빗물과 영이의 구멍 난 우산이 대칭된다. 수줍은 영이는 타인의 시선을 피해 아침 자습을 하러 갔다가 밖으로 다시 나와 머뭇머뭇 조심스럽게 할아버지에게 자신의 우산을 씌워준다. 그리고 수업이 끝나고 그곳에 다시 간다. 그러나 담벼락에는 할아버지에게 준 우산만이 덩그러니 세워져 있었다.

나는 영이의 초록 비닐우산에서 '우산＝용기'라

는 공식을 발견했다. 지금 내가 겪고 있는 삶의 방향성과도 일치했다. 이 두 가지 사례로 호기심이 발동되어 우산이 주는 의미를 여러 방향으로 확장해보았다.

먼저 우리의 감정을 풍성하게 해주고 몽환에 젖게 하는 보슬비나 안개비, 이슬비가 내릴 때다. 이 비가 바람 없이 내릴 때 우산의 기울기 a는 평평한 바닥과 수직에 가깝다($tan45° < a < tan90°$). 반면 소나기나 국지성 호우, 바람이 동반된 비가 내릴 때 우산의 기울기 a는 앞으로든 뒤로든 45° 미만이다($tan30° < a < tan45°$).

수학에서 기울기는 $a = y$의 변화량/x의 변화량 $= y$의 증가량/x의 증가량 $= tanx$를 말한다. 직각 삼각형에서만 나타나는 삼각비에 대해 정리해본다. 직각 삼각형에서는 각 변 사이의 비의 값, 비율들이 존재한다. 이것을 분수나 소수로 나타내고 비율이라고 부른다.

a와 b를 비교할 때 $a:b$로 표현한 것을 '비'라고 하는데, 여기에서 a는 비교량, b는 기준량이 된다. 이 중에서는 기준량이 더 중요하므로 비교량/기준량으로 나

타낸다. 분수에서 분모가 중요한 것처럼. 가장 기본이
되는 삼각비는 사인, 코사인, 탄젠트 세 가지다.

$sinx$＝높이/빗변

x각에 대하여 빗변에 대한 높이의 비

$cosx$＝밑변/빗변

x각에 대하여 빗변에 대한 밑변의 비

$tanx$＝높이/밑변

x각에 대하여 밑변에 대한 높이의 비

그러므로 $tan45°$＝높이/밑변＝1이다. (한 각이 45°인
직각 이등변 삼각형은 밑변과 높이의 길이가 같다.)

시중에서 판매하는 삼각자는 직각과 정삼각형
모양 두 종류가 있다. 이 중 직각 삼각자를 보자면 30°,
60°, 90°의 각과 그 길이의 비를 1:$\sqrt{3}$:2로 나타낸 것이

있다. 다른 하나는 45°, 45°, 90°의 각과 그 길이의 비를 1:1:$\sqrt{2}$로 나타냈는데, 이들의 각과 변의 길이에서 특수 삼각비의 값을 찾을 수 있다. 비의 값을 기울기로 표현하면 다음과 같다.

$$tan45=1, tan30=1/\sqrt{3}=\sqrt{3}/3$$

비 오는 날 우산들의 기울기는 형형색색 색깔만큼 다양하다. 그때 내리는 비의 세기, 풍향에 따라 낮아(작아)지기도 하고 높아(커)지기도 한다. 이 기울기에서 음(-)의 값은 두 가지 경우에 존재한다. 거센 폭풍우로 우산이 뒤집혔거나, 아래로 향해 있을 때다. 전자는 우산이 망가진 것이고 후자는 차라리 우산을 쓰지 않겠다고 포기하고 접은 것이므로, 우산의 시점에서 본다면 음의 값은 없다고 봐도 무방하다.

반면 우리 마음의 기울기에는 음의 값이 있다. 언제 어디서 폭풍우와 같이 들이닥칠지 모르는 일들을 온몸으로 고스란히 겪으면서, 마음의 기울기는 급격히 감소하거나 증가한다. 우산의 기울기를 통해 삶에서 중요한 마음의 변화율을 알 수 있었다. 인생 그래프에서만 볼 수 있는 음의 값을.

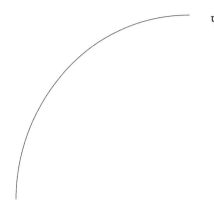

달라진 운동 방향,
그 애의 가을

　　그동안 미뤄왔던 아들의 수술이 있었다. 무섭다고, 시간이 없다고, 후유증이 생긴다고, 여러 가지 핑계로 미룬 만성 부비동염 수술이었다. 입원실에서 대기하는 중에 아이를 부축하며 들어오는 간호사분을 보고는 체감한 시간에 깜짝 놀랐다. 온통 나를 찾으려는 생각에 묻혀 잠시 시간을 잊었나 보다. 주삿바늘을 꽂고 몽롱한 상태로 들어오는 아이가 오늘은 더 아련하게 느껴졌다.

　　그런데 잘되었다는 수술에 문제가 생겼는지 마

음의 변화가 생긴 건지 아이가 눈물을 보이면서 죄송하다고, 이젠 엄마에게 정말 잘하겠다는 말을 반복하고 반복해서 했다. 마취가 덜 깬 상태에서 주저리주저리 마음 고백을 하는 아들을 보자 갑자기 울컥했다. 아이 혼자 겪고 감당해야 할 세상은 벌써 시작되었는데, 내 안의 아이는 아직 어릴 적 모습 그대로 남아 있었다.

조카를 걱정하는 언니에게 수술 결과를 전달하고 통화를 마친 뒤 다시 운전에 집중했다. 노랗고 붉게 물든 호수로를 달리는데 가을 풍경이 넘치게 들어왔다. 청명한 하늘과 땅 사이사이로 미세먼지가 함께했지만 그래도 이쯤은 뭐, 하는 마음으로 주변을 보니 다채로운 색의 나뭇잎이 사진처럼 내 눈에 들어왔다. 엄마가 좀 더 성장해야 아이도 단단해질 텐데, 이런 마음을 가을이 보듬어주는 것 같아 위안이 되었다.

CT 결과를 확인했을 때 그동안 아이가 얼마나 힘들었을까 생각하니 미안함이 몰려왔다. 부모의 역할과 책임이 무엇인지 스스로 되물었다. 억지로라도 수술을 진행했어야 하는 걸까? 이젠 더 미룰 수 없다고 인정하고 수술을 결정한 후, 겁이 많은 아이는 뜬눈으로 하루하루를 보냈다. 통증은 심했다. 물론 앞으로의 회복 기간에도 여러 통증이 아이를 힘들게 할 것이다. 하지만 기대되는 건, 이제 아이는 지금까지의 가을과는 전혀 다른 가을 안에서 숨을 쉴 것이라는 사실이었다.

아이는 주변 면적 안의 숨을 들이마실 것이다. 또 곳곳의 깊숙한 곳까지 들어가 있는 숨을 찾아내어 호흡할 것이다. 아이의 호흡과 세상의 넓이, 깊이는 비례한다. 그렇게 이 수술로 운동 방향이 바뀌었다. 그때의 속도는 $v(t) = 0$이다. 다시 '0'부터 출발해야 하지만, 아이는 호흡하는 것도 세상을 보는 것도 천천히 할 것이다.

운동 방향이 바뀌는 시점에서 수학이 전하는 언어는 '일단 경험해보라'는 것이다. 경험하지 않은 세상에 대해서는 호기심이 생기지만, 이는 경험한 세상에 대한 간절함이나 그리움과는 비교가 되지 않는다. 지금까지 아이는 제대로 된 호흡을 한 적이 있었을까. 없었기 때문에 간절하지는 않았을 것이다. 경험하지 못한

거라 당연하게 생각했던 자연스러운 호흡이 아이에게
는 얼마나 귀한 것이었을까. 여러 생각에 사로잡혀 하
늘을 바라본다. 가장 가을다운 가을날이다. 아이가 겪
을 이번 가을이 참 아름답다.

　　진정한 가을의 향기를 이제 겨우 맡기 시작한
아이처럼, 대부분이 볼 수 있는 아름다운 풍경을 보지
못하는 사람들도 있다. 호수로를 달리는 내 눈에 새겨
진 가을은 자신의 울긋불긋한 심리를 과감하게 표현하
고 있었다. 이와 같은 아름다움을 느끼지 못하는 그들
의 세상은 과연 어디에 머물러 있을까 궁금했다.

　　앨프리드 테니슨의 『이녹 아든』(책이있는마을,
2004)에서 이녹은 배가 난파되어 나올 수 없는 어느 섬
에서 살기 위해서 버틴다. 이녹이 외로움을 이겨내며
긴 시간 버틴 그 섬에서처럼, 그들의 세상도 그와 같은
곳에 있었을까? 가을을 느끼고 호흡하면서 그 기분을
공유하지 못했던 건 결코 아이의 탓이 아니었다. 마찬
가지로 그들이 보지 못하는 아름다움을 가슴에 간직한
채 노래하지 못했던 건 그들의 책임이 아니다. 함께하

지 못한 감정이 아픔으로 다가온다.

　　겉으로 드러나는 아픔보다 아이가 실제로 느끼는 아픔을 알아차릴 수 있게 되자 조금은 가벼워졌다. 아이와 같은 가을 공기를 나눈다는 사실에 콧노래가 나올 만큼 행복하다. 아이의 가을은 오늘부터 더욱 진한 향기로 물들 것이다. 이 안에서 내가 느껴온 쓸쓸함보다는 조금이라도 얕은 고독이 그 애에게 찾아가길 기대한다. 내 마음속에 자리 잡은 감성적 요소로 인해서 아이가 덜 아파하길. 비록 찰나이지만 이 가을의 아름다움을 충분히 누릴 수 있기를 진심으로 바란다.

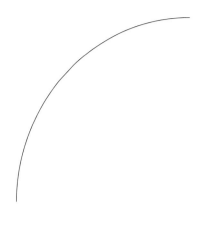

공간을 넘은
복소수의 사랑

    스스로 정한 이번 '쓰작쓰작'의 주제는 행복에 대하여 정의하기이다. 쓰작쓰작은 독서 토론 모임에서 글쓰기에 관심이 있는 사람들을 중심으로 시작되었다. 모임이 진행되면서 누군가는 먼저 포기했고 누군가는 현실에서 머리를 싸매고 글에 집중했다. 누군가는 그 흐름을 즐기고 있었다. 나는 '쓰작쓰작'이라는 단어에 집중해서 그 시간을 충분히 누리고 있었다.

    이제는 몸에 익은 글쓰기를 통해 무심코 지나쳤던 순간을 다시 돌아보는 중이다. 지금까지 '행복'은 상대나 주변에서 만들어줄 수 없는 지극히 개인적이고 능동적인 감정이라 여겨왔다. 그렇지만 이 감정은 외부나 타자로부터 많은 영향을 받는다. 나에게 행복은 매 순간에 있다.

개브리얼 제빈의 『섬에 있는 서점』(문학동네, 2017)을 읽으면서 마음이 충만해지는 걸 느꼈다. 책 표지를 확인하고 벅찬 감정으로 펼쳤던 순간이 기억난다. 그 속에 나오는 마야와 아빠, 엄마의 관계, 그들 간의 사랑을 좀 다른 시선으로 읽을 수 있었다. 이 특별한 사랑은 현실에서 우리가 흔히 생각하는 사랑이 아니었다. 섬이라는 동떨어진 세상은 단절되었으면서 새로운 기대를 할 수 있는 곳이다. 나는 이곳이 우리가 속한 세상에서 벗어난 '복소수'의 세상 같았다. 복소수는 '실수'와 '허수'의 합으로 완성되는 수다. 이 안에 있는 실수와 허수의 각별한 사랑으로 들어가본다.

좌표로 나타낼 수 없는 허수가 그녀를 찾아왔다. 그녀는 우주에 고유한 좌표가 있는 실수라는 별이다. 허수가 그녀에게서 발견한 건 싱그러움이었다. 또 자신이 소유하지 못해 갈구하던 젊음이었다. 그녀를 가득 채우는 이것들은 빛으로 모여 발산되었다. 허수는 자신에게 없다고 여겼던 젊음의 향기와 차분하면서도 반짝이고 싱그러운 그녀의 존재를 쫓기 시작한다.

실수가 그에게 말한다. 자신은 우주에서 별의 좌표를 가지고 있으니 당신도 광활한 우주의 별 중에서 당신의 좌표를 찾아가라고. 하지만 그는 자신이 허수임을 강조하면서 그녀의 자리(좌표)만을 쫓는다. 자신의 자리는 이것으로 빛난다고 하면서.

실수는 그런 허수를 향해 격렬하게 선을 긋지만, 허수는 그어놓은 선을 무너뜨리고 공간을 넘는다. 그녀는 거절한다. 감정선이 차단되어 다시 연결되는 일이 없기를 진심으로 바란다. 그러나 사랑이라는 감정은 자신의 절제와 의지와는 상관없는 절대적 이성처럼 드러났다. 벗어나려고 하면 할수록, 도망치려고 하면 할수록 허수가 깊이 파고들었다. 그녀는 두려움으로 똘똘 뭉쳐서 그를 차단했다. 그렇게 하면 모든 게 단칼에 정리되리라는 어리석음에 빠져서.

허수의 사랑은 쉽고 빨랐고 무모했다. 이 사랑은 차디찬 금속으로 이루어져 있다. 그의 집착과 그것보다 한 발 앞에 있는 그녀의 단절이 부딪힌다면, 섞이지 못하는 금속과 생물 사이에서 벌어질 일처럼 지금까지와는 다른 카오스를 겪게 될 것이다.

그들은 처음에는 같은 방향을 바라보며 설렜지만, 그녀는 차단과 단절에서 무기력해졌고 그는 끊임없이 쫓고 갈구하는 시간 속에서 나태해졌다. 그가 계속해서 쫓은 건 그녀가 지닌 빛과 향기였을까 아니면 자신의 이기적인 욕망이었을까? 또 자신이 실수가 되기를 원해서일까 그것도 아니면 우주에 자신의 좌표를 기록하고 남기고 싶었는지도 모른다.

좌표가 없는 허수는 우주 먼지처럼 떠돌아다닐 수밖에 없지만, 언젠가 그녀의 좌표가 자신과 만날 수 있다고 생각했다. 허수와 실수가 만나면 복잡해진다. 하지만, 방향을 알 수 없는 다른 삶이 새롭게 펼쳐질 수도 있다. 어쩌면 우주는 실수와 허수를 같은 공간 안에 두기 위해 복소수의 세상을 만든 것일지도 모른다.

책으로 돌아와본다. '겨울 한가운데서 차가운 금속을 만질 때의 느낌'은 바로 우주로 가버린 복소수 세상에서의 사랑이 아닐까. 금속은 한겨울이라는 계절적 배경에서 차가움이 극한으로 표출된다. 마야 엄마의 사랑은 얼마나 아팠을까. 마야와 아빠, 엄마 그리고 친부와의 관계는 느끼고 표현하고 공유하는 온도가 달랐다. 바다가 울부짖는 반복된 소리도 다르게 들렸다. 그런 사랑은 아프다. 그런 사랑은 상처만이 남는다.

복소수를 복소평면에 대응해 그 좌표를 찾으면 우리의 삶은 우주로 확장된다. 우리는 사랑과 성이 아닌 '공'과 '무한'의 모습을 보아야 한다. 복소수의 세상은 우리의 삶처럼 복잡다단하다. 복잡한 삶의 본질은 무엇일까? '0'에서 시작되어 무한으로, 무한에서 시작되어 다시 '0'으로 온 삶은, 바로 지금이 가장 멀리 돌아온 삶의 여정이라고 말한다. 이곳으로부터 가장 먼 곳이 지금 여기라고 말한다.

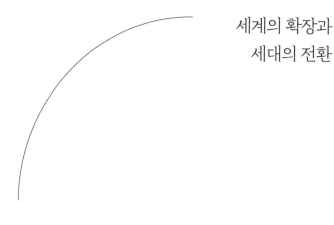

세계의 확장과
세대의 전환

아이는 자신의 발보다 두 배는 더 큰 뾰족구두를 신고 한 발 한 발 천천히 내딛는 중이다. 그리고 어렵게 겨우 뗀 한 발에 가슴이 벅차서 두 팔을 귀에 바짝 붙여 머리끝까지 들어 올리고 만세를 부른다. 러닝에 삼각팬티만 입고도 부끄러운 줄 모른다. 다섯 살의 나다.

집안에서 "둘째도 딸이야?"라는 굴레에서 벗어나지 못했던 어느 날, 밖에서 땀을 흘려가며 놀던 나는 목이 말라 엄마를 급히 찾으며 집으로 갔다. 도착하기도 전에 멀리서부터 시끌벅적한 소리가 들렸다. 손님들이 많이 있다는 건 집 앞에 놓인 여러 신발을 보고 짐작할 수 있었다. 외가 친척들이었다. 나는 호기심 가득한 표정으로 바닥에 펼쳐져 있는 신발들을 천천히 살폈다. 대화 중이던 이모가 한쪽 눈을 살짝 찡긋하며 들어오라고 손짓했다. 팬티 차림이었지만 귀엽고 상냥하게 인사를 끝낸 후 다시 나가려고 몸을 돌리는 순간이었다. 빨간 뾰족구두가 여러 켤레 신발 가운데서 자태를 뽐내며 미소를 지어 보였다.

그 자리에서 갈등하던 나는 조그만 손으로 구두를 집어 들고 밖으로 나갔다. 집 앞에서 신고 있던 신을 벗고 구두로 갈아 신은 후 심호흡을 했다. 그리고 위태롭게 한 발 한 발 천천히 떼기 시작했다. 어른들의 걸음으로는 불과 얼마 안 되는 거리가 어린 나에게는 꽤 멀게 느껴졌다. 들뜬 마음으로 한참을 고생한 후 뒤돌아보니 집이 아득하게 느껴졌다.

조금 더 숨을 죽이며 천천히 한 발씩 떼고 있는데 멀리서 나를 부르는 소리가 들렸다. 엄마였다. 이모

가 곧 가셔야 한다며 신을 가지고 오라고 했다. 예상은
했지만 주인은 역시 이모였다. 마음만 급하고 꼼짝 못
하던 나를 엄마가 빠르게 뛰어와서 안아 올렸다. 이모
앞에 구두를 내려놓은 엄마는 "구두가 얼마나 맘에 들
었으면 아직 눈도 못 떼고, 혼이 다 빠진 거 같네." 하면
서 소리 내어 웃었다. 이모 역시 "우리 귀염둥이가 구두
가 그렇게 탐났어요?" 하며 볼을 꼬집는 시늉을 했다.

　　어른들이 하시는 소리는 들리지 않았다. 이미 나
는 내 마음을 완전히 장악해버린 구두에 눈을 뗄 수 없
었다. 빨갛게 물들어 있는 구두는 내가 많이 좋아하는
산딸기의 모습을 연상케 했다. 울음을 터트려야겠다고
결심이라도 한 듯 나는 시선을 구두에 둔 채 입술을 움
직이며 준비 자세를 취했다.

　　마음의 준비를 끝낸 나는 곧 울음을 터트렸다.
그리고 깨달았다. 울고 보채도 내 것이 아닌 것은 결국
나의 곁에서 머무를 수도 내 것이 될 수도 없다는 것을.
내 발에서 끝내 벗겨지지 않을 거라 믿었던 구두를 스
스로 벗어던졌다. 나는 어른들에게 둘째 딸임에도 사랑

할 수밖에 없는 이유를 만들어야 했기 때문이다.

이날 이후 빨간 구두는 꿈속에도 등장하기 시작했다. 길을 지나가며 빛깔이 비슷한 물건에는 모두 시선이 갔다. 집착과 미련으로 한참 동안 나를 괴롭힌 구두는 엄마가 전달한 선물로 완전히 잊혔다. 나에게 딱 맞는 빨간 구두였다. 구두를 벗어던진 내가 안쓰러워 이모가 준비한 선물이었다. 이 신발은 내 발의 두 배를 넘지도 뒷굽이 아주 높지도 않았다. 조심스럽게 천천히 걸음을 옮기지 않아도 되었다.

그때 나는 이모의 사랑을 짐작했던 걸까? 그리고 그 사랑이 구두를 던진 후 다시 내 발에 딱 맞는 선물로 돌아올 줄 알았던 걸까? 어쨌든 다섯 살 아이는 새로운 것을 알게 된다. 비우기와 채우기를. 덜어내기와 보태기를. 이것이 삶을 살아가는 데 얼마나 중요한지도 깨닫는다.

내가 부모님의 사랑을 갈구하는 모습은 다양했다. 몸이 약했으며 자주 아팠다. 또 소리 내어 종알종알 말했고 수시로 울어댔다. 엄마는 어떤 모습의 나에게도 놀라거나 짜증을 내지 않았다. 내면 깊은 곳에 안쓰러움과 사랑이 깔려 있었다. 지우려고 애썼던 조부모의 말들을 엄마도 기억했고, 그것이 나에게 얼마나 깊은 상처가 되어왔는지 짐작하셨을 것이다. 그래서 가능한 한 사랑을 충분히 주셨으리라. 어린 나에게 부모님은 빛을 찾을 수 있는 길을 열어주었다. 어둠에서 길을 찾아 나아갈 수 있는 빛, 그 빛은 바로 유성이었다. 그것은 어둠 속에서 빛나는 문학작품이었고 금세 잊히는 것들 사이에서 반짝이는 고전과도 같았다.

'오일러의 항등식'은 내가 세상을 바라볼 때 수식과의 대응에서 새로운 아름다움에 감명을 받았던 항등식이다. 공식을 항등식으로 유도하는 과정에서도 벅찬 희열을 느꼈다. 나에게는 수식에 등장하는 상수나 기호 하나하나가 예사롭지 않다.

$$e^{xi} = cosx + i\, sinx$$
$$e^{i\pi} + 1 = 0$$

오일러의 항등식에서는 우리가 존재하는 세계를 넘어 의식 깊은 곳까지 확장된 수의 범위에서 관계를 맺는다. 덧셈에 대한 항등원 0, 곱셈에 대한 항등원 1, 무리수 π, 실수 범위를 넘어 복소수 범위에 존재하는 허수 i, 무리 상수 e까지, 모양에서도 대칭과 균형의 미가 적절하다. 이 항등식이 전하는 수학의 말은 '세계의 확장, 세대의 전환'이다. 세계가 확장되면서 수의 세상 역시 다양한 모습으로 다채롭게 자연에 닿았다. 마침내 복소수의 세계까지 확장되는 수는 여러 감정과 의식이 아름다움으로 실체를 드러낸다. 선과 악이 공존하는 모습으로.

조부모까지 거슬러 올라가는 끈은 아픔이었다. 부모님이 주신 사랑은 이 아픈 끈을 단절할 수 있을 만큼 한결같이 아름다웠다. 오일러의 항등식의 귀한 아름다움을 알아낸 것처럼 오늘도 나는 다섯 살의 그때처럼 알아간다. 벗어던진 후에야 다시 채워지는, 비워낸 후에야 새로움으로 대체되는 삶을.

3

해물칼국수의 항등식

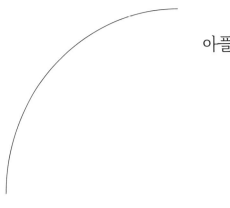

절대적으로
아플 수밖에 없는
경우의 수

꿈인지 현실인지 구분이 안 되는 곳에 머무른 지 벌써 이십여 일이 지났다. 그 사이 비단 안개로 둘러싸인 이곳의 중심에서 단 한 발짝도 제대로 떼지 못하고 주춤거린다. 사방에 희뿌연 연무가 깔려 있고 어느 한 곳도 뚫고 나갈 길이 없다. 어디가 시작이며 끝인지 경계가 보이지 않는다.

최근 내가 마주한 현실이다. 긍정적이든 부정적이든 나에게 찾아온 경험이면 피하지 말자는 것이 변화를 겪은 나의 깨달음이다. 하지만 이번 일은 특별한 것은 맞지만 다시는 겪고 싶지 않은 일이다. 증상은 이십여 일 전부터 시작되었다. 루틴으로 자리 잡은 새벽 기상도 무너지고, 알람 소리에 쫓겨서 겨우 눈을 떴다. 세상은 연무로 가득하다. 신비하기보다는 답답하다. 좀 더 맑은 세상과 마주하려고 온몸에 힘을 준 까닭인지 두통과 함께 피곤함이 몰려왔다.

처음에는 이 모든 것을 외부의 문제로 돌리려고 했다. 미세먼지가 가득한 환경 탓은 아닐까, 습도가 치솟는 동남아 날씨를 따라가는 요즘 한국의 날씨 때문은 아닐까. 하지만 그러기에는 이 현상은 일관되게 이어졌다. 스트레칭을 여러 번 하고 커피를 들이붓고 버둥거려봐도 이전처럼 활발하게 생각할 수가 없었다.

출근하면서 걱정스럽게 보던 남편에게 전화가 왔다. 오늘은 무슨 일이 있어도 병원에 가자고, 지금 집으로 갈 테니 되도록 빨리 준비를 끝내라고 했다. 간단히 준비하고 아파트 입구로 나가는 순간에도 고통은 계속되었다. 이젠 눈을 뜨고 있기도 힘이 들었다. 남편을 만나 병원으로 가는 차 안에서도 계속 눈을 감고 있었다. 남편은 일을 좀 쉬는 게 어떻겠냐고 염려했다.

이 경험으로 생긴 몸의 변화와 원인을 수학적 귀납법으로 풀어보았다. 그 경우 어떠한 n에 대해서도 성립되는 원인과 결과가 나타나는 인과관계의 항등식, 절대부등식이 성립된다.

내가 찾아낸 경우의 수

시험 기간 고3 학생들을 위해 마지막 에너지를 쏟았던 탓일까? 아니면 수학을 쫓아오기 힘든 학생들에게 사랑이라는 명목으로 에너지를 제대로 안배하지 못하고 마구 쓴 탓일까? 여기에 사랑하는 딸아이가 나를 힘들게 해서일까?

요즘 내가 느끼는 세상은 어떤 사람은 한 번도 체험하지 못할 만큼 힘들고 특별한 경험이다. 하지만 수학적 귀납법으로 보자면, 이 '특별한'이라는 조건은 처음부터 모순적인 증명이다. 경우의 수는 하나에서 시작해서 모든 경우로 확장해야 한다. 어떤 경우에라도 성립해야만 그 원인이 절대적이라고 할 수 있다. 그

런데 내가 찾아낸 경우의 수는 내 환경에 국한된 원인
이다.

안과 의사가 찾은 경우의 수

남편과 병원에 도착했다. 불안함을 감추며 잠시
기다리다가 차례가 되어 의사를 만났다. "과거에 각막
궤양을 앓았던 경험이 있죠? 다시 재발했고요. 더 심해
졌습니다. 엄청 힘드셨을 텐데, 괜찮았어요? 수면 부족
과 스트레스가 원인입니다. 안압까지 찼네요. 약 드시
고 수면 시간을 충분히 갖고 좀 쉬세요."

수면 부족과 스트레스 그리고 과거 병력. 의사가
찾은 원인에서 절대적으로 성립되는 모든 경우의 수를
찾을 수 있었다. 바로 일상적이고 평소 사소한 생활 습
관이다. 결국 이 n이 항등식이나 절대부등식인 것이다.
절대부등식은 경우의 수에 따라 변하거나 달라지는 것
이 아니라 어떤 환경이나 상황이 생기더라도 성립한다.

진료가 끝나고 약을 챙기던 남편의 표정이 진지

했다. 몸과 마음이 많이 상한 니를 위로하고 싶었는지 분위기 좋은 곳에서 커피를 마시자며 파주 헤이리로 향했다. 커피를 마시며 얘기를 나누다가 지금까지 나를 괴롭혀온 연무가 조금씩 사라지는 느낌이 들었다. 오늘만큼은 오후의 값진 두 시간을 온전히 아내에게 투자한 남편의 마음 씀이 그 어떤 사랑보다 더 크게 다가왔다.

집에 도착해서 약을 먹고 잠시 잠이 들었다. 이후 다시 만난 세상은 그동안 나를 가두었던 비단 안개의 세상과는 확연하게 달랐다. 하지만 조금은 살 거 같다는 안도감과 완전히 좋아지지는 않았다는 답답함이 공존했다. 혹여 다시 이전의 세상으로 돌아가지 않을까 하는 두려움이 그림자처럼 따라왔다.

다신 겪고 싶지 않은 것과 이별하고 싶은 마음뿐이었다. 하지만 그렇게 힘들었던 경험을 통해 지금 순간 정말 소중한 게 무엇인지 깊이 생각해볼 수 있었다. 항등식과 절대부등식이 전하는 수학의 언어는 '어떤 경험도 헛된 것은 없다'는 것이다. 이제 내가 사랑하고 아끼는 이들과 시간을 보내고, 나를 만나는 연습을 천천히 하려 한다.

관계의 수학

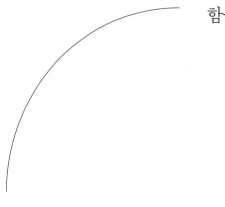

함숫값이 변해도
나는 나다

　　매일 '천칭'을 통해 이상적으로 생각하는 삶과 내 일상의 균형을 맞춘다. 천칭은 시판되고 있는 여러 다이어리를 보완해서 나온 플래너이다. 일반 다이어리에서 좀 더 세분해서 계획, 감사 일기, 그날의 독서, 간단한 단상을 쓰는 공간이 있다. 이 다이어리가 내게 특별한 건 지금까지 해왔던 독서를 돌아보게 하는 공간에 있다. 그날 기억에 남는 한 문장을 옮기는 것에 끝나지 않고, 문장 흡수를 위해 실천할 행동을 구체적으로 메모할 수 있기 때문이다. 나는 매일의 시작을 천칭과 함께하면서 삶의 균형을 찾아갔다.

현재 내 생활에서 중심이 되는 건 학생들에게 수학을 가르치는 일이다. 이를 제외하면 글쓰기와 독서, 토론이 있다. 글쓰기는 혼자 있으면서 나를 깊이 이해하는 시간이고, 책 읽기는 타자의 경험을 공유하고 그를 충분히 이해하는 시간이다. 토론은 책 읽기를 좀 더 입체적이고 능동적으로 만든다.

아주 사소하고 제한적인 상황이었지만, 이 균형에 대하여 생각해본 계기가 있다. 현재 참여하고 있는 독서 토론 모임과 미라클 모닝 모임에서의 일이다. 독서 토론 모임은 40세 초과 68세 미만의 멤버로 이루어져 있다(나이 제한은 없다). 나이 차이에서 오는 시각과 사고 범주의 격차를 줄이기 위해 우리가 갖추어야 할 첫 번째 덕목은 공감 능력이다. 이 모임이 꾸준히 이어질 수 있었던 이유 중 하나이기도 하다.

이 모임에서는 풍부한 생각이나 그것을 전달하는 기술보다는 독서의 가치를 나누는 태도가 더 중요하다. 하다 보면 읽기 부담스러운 장르가 있거나 유난

히도 집중이 안 되는 시기가 있다. 이럴 땐 서로 완독을 강요하기보다는 과정을 응원한다. 나눔으로까지 나아갈 수 있는 의지와 실제로 모임에서 생각을 나눌 수 있는 용기까지, 이 모든 과정은 결코 혼자서는 이룰 수 없는 것이다. 나이, 성별, 직업군이 다양한 사람들이 서로를 자신들의 순간에 끼워 넣지 않고 인정하고 있었다.

그러던 중 독서 토론 모임 멤버의 일부가 참여하고 있는 미라클 모닝 모임에 y가 당장이라도 참여하려는 듯한 의지를 보였다. 미라클 모임 안에서는 이 문제를 두고 논의가 있었다. 내 시선에는 y의 의지보다 단순한 호기심이 보였지만, 반대하는 이유가 나의 관점이 될 수는 없었다. 그렇게 y는 모임에 초대되었다.

문제는 y가 이 시간 이후로 새벽 모임에 참여할 의지를 전혀 보이지 않은 것이다. 그저 구경만 하다 나갈 뿐이었다. y는 무슨 생각으로 새로운 모임에 참여하고 싶었을까? 관심을 받고 싶었던 걸까? 아니면 새벽 시간을 활용해보려 했지만 패턴이 안 맞았던 걸까? 나는 적응 기간과 y의 성향 등 여러 가지를 고려해서 조금만 기다려주자고 제안했다.

　　두 달가량이 지나 y는 투명 인간으로 지냈던 생활의 막을 내리고 인사 한마디 없이 모임을 가볍게 나가버렸다. 우리는 y를 이해하려고 했지만 이 행보를 여러모로 되짚을 수밖에 없었다. 리더가 단톡방에 마음을 밝히는 글을 올리고 있을 때, 다른 채팅창의 알람이 떴다. 토론 모임 방이었다. 그 방에 y는 모임에 참여하고 싶지만 개인 사정으로 그만둔다는 메시지를 남기고 퇴장했다. 이 년이라는 시간이 너무나 허무하게.

　　마무리를 제대로 하지 않고 나간 y의 태도는 남아 있는 사람들에게 상처가 되었다. 나는 불편했을 y의 마음을 충분히 이해하면서도, 자신의 상황을 밝히고 탈퇴하는 것이 자신을 위해서도 모임에 남은 멤버를 위해서도 옳은 게 아니었을까 하는 생각을 지울 수 없었다.

　　불완전한 인간은 누구나 삶을 배워나가는 과정에 있다. 자신을 제대로 돌아본다면 자신과 타자의 관계에서 얼마든지 발전할 수 있겠지만, 이것이 잘 되지 않기 때문에 우린 끊임없이 갈등하고 힘들어한다.

나는 누구에게도 휘둘리지 않고 내가 바라는 나로 살고 싶었다. 반복되는 무기력함에 힘들었던 내가 그 원인이 바로 남이 바라는 나로 살아내느라 힘에 부쳐서임을 알게 되었을 때, 비로소 지금이 제대로 보이기 시작했다.

천칭을 통해 매일 기록하는 것을 넘어 감사와 용서로 내 마음을 들여다볼 수 있었다. 처음에는 짧은 기간의 변화를 들여다봤고 점차 더 긴 기간의 변화를 살폈다. 그때마다 대응되는 함숫값도 달라졌지만, 신기하게도 기울기는 같았다. 천칭을 통한 수학의 언어는 '삶의 기울기는 일정하다'는 것이다. 결국 삶의 긴 여정에서 변화는 크든 작든 한결같이 진행된다. 내면의 변화와 외부에서 오는 변화, 생각과 몸의 변화가 모두 균형을 이루는 것이야말로 내가 바라는 온전한 삶이다. 이 변화의 힘으로 내 생각과 감정이 더 깊어지고, 주변을 향한 사랑으로 넓어지길 기대한다.

비움과 채움 공식

　　아이는 성인이 되는 길 위에서 방향과 속도, 진행 목표를 고민하면서 자신의 존재를 확인하고자 한다. 그래서 스스로 찾은 변화의 길을 걷는다. 변화의 기울기가 작더라도 그래프 위를 걷고 있는 아이의 입꼬리는 실룩거리고 콧노래가 흘러나온다. 과거의 부정적인 감정을 덜어내는 것은 이 직선을 벗어나지 않기 위한 첫걸음이다. 기울기가 완만하더라도 욕심내지 않고 목표를 가지고 실행하고자 한다. 여기서 아이는 나와 너, 우리 모두를 일컫는다.

내면의 불완전한 에너지를 진정시키기 위해 나는 '다시 읽기'를 한다. 책을 다시 읽으면 예전에 보지 못한 것들을 하나씩 찾아나가는 의미도 있지만, 무엇보다 지금 나의 태도를 볼 수 있다. 다시 읽기는 현재의 지표가 된다.

독서 토론 모임 때 읽을 책으로 스펜서 존슨의 『선물』이 선정되었을 때, 작가의 책들을 다시 보고 싶다는 생각이 들었다. 과거 그의 치즈 시리즈(『누가 내 치즈를 옮겼을까?』『내 치즈는 어디에서 왔을까?』)를 읽어나갈 때, 나는 올바른 독서 습관을 갖추지 못했다. 책은 눈으로 보고 가슴으로 받아들인다. 그 속에는 경청의 태도가 들어가 있다. 그때 나는 머리로는 경청하고 이해하려는 태도가 가능했지만 가슴으로는 수용할 수 없었다. 마치 밀린 일거리를 해치우듯 책을 전부 해치우겠다는 욕심으로 읽었다.

『내 치즈는 어디에서 왔을까?』에서 지금껏 신념에 대해 한 번도 생각해본 적이 없었던 '햄'은 '허'가 써놓은 "과거의 신념"이라는 글귀를 확인하고 글을 남긴다. "신념은 내가 사실이라고 믿는 생각이다."

　　나는 신념 하면 『노인과 바다』의 노인이 먼저 떠오른다. 노인은 낚싯바늘에 걸린 청새치를 놓치지 않기 위해 몇 날을 잠도 못 자고 손이 찢겨가며 고생한다. 그 고생 안에는 그의 과거와 현재, 미래까지 고스란히 담겨 있다. 고통이면서 희열이다. 하지만, 그것은 단지 그의 신념일 뿐이다. 청새치를 잡은 낚싯줄을 놓지 못하는 노인의 모습에서 우리의 모습을 볼 수 있었다. 과연 우리의 삶에서 꼭 쥐고서 절대 놓지 못하는 청새치는 무엇일까? 또 신념을 무조건 안고 가는 게 더 좋을까? 신념이라고 우리를 다 나아가게 하는 것은 아니다. 오히려 주저앉히기도 한다. 책에서는 과거의 신념이 우리를 가두는 쇠창살이 될 수 있다고 얘기한다. 긍정적인 영향을 미친다고 믿는 순간, 우리는 주변을 보지 않고 그것만을 맹신한다. 결국 자신을 갇히게 하는 건 궁극적으로 자기 자신이다.

　　나는 계획된 삶을 살아가기 위해 정답을 쫓았다. 차곡차곡 노력한 결과 나만의 루틴을 만들었다. 한 가지 루틴을 위해 최소한 일이 년의 노력을 기울였다. 그래서 생활의 일부가 되고 나면 새로운 루틴을 다시 만들고 정립하려고 노력했다. 이 과정에서 애쓰는 것만으로도 에너지가 생겼고, 뿌듯해하며 나를 다독였다. 프레임 속에서 스스로를 규정하고 목표로 하는 삶을 살면서 자유를 누린다고 생각해왔다. 그 순간은 자유로웠다. 하지만 가슴 깊은 곳에 있던 내가 어디론가 밀려 나갔음을 알게 되었다. 그토록 누리려고 한 자유가 완전히 사라져버린 것이다. 그 자유는 스스로 진실 혹은 사실이라고 믿는 신념이었다. 프레임 밖으로 나와 안을 들여다보니 과거의 신념이 보였다. 출발점으로 돌아가니 바깥세상이 보였다.

　　자연과 일상에 녹아 있는 수 중에서 완전수가 있다. 이름에서부터 완전함과 완벽함이 느껴진다. 수학에서 완전수는 자신을 제외한 양의 약수의 합으로 표현되는 양의 정수를 말한다. 가장 작은 완전수는 $6(1+2+3)$이다. 다음으로 $28(1+2+4+7+14)$이 있다. 스스로 드러내지는 않지만 약수들의 힘으로 자신을 창조해내는 완전수가 전하는 수학의 언어는 일상과 내가 이루는 평행, 바로 '균형'이다. 나는 프레임 안에서 비워내고 동시에 프레임 바깥에서 채워나가는 신념을 완전수로부터 배웠다.

　　　과거에는 신념은 결코 버리거나 바꿀 수 없는 것이라고 믿어왔다. 버리는 건 신념이 될 수 없다고. 하지만 새로운 신념이 필요하다면 과감하게 다른 선택을 해야 한다. 이제 나에게서 떠난 자유를 찾아 스스로 가두고 있던 프레임 밖으로 나가려고 한다. '맺음'은 끝이 아니라 또 다른 시작이라는 믿음과 용기로.

.

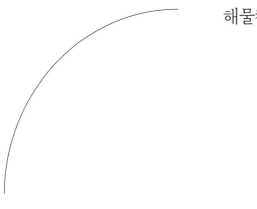

해물칼국수의
항등식

　　내비게이션이 안내하는 대로 갈수록 차는 점점 외진 곳을 향했다. "이런 곳은 찾기도 힘들겠어요." 하던 딸이 맛집이 맞는지 다시 묻는다. 남편이 네이버에서 소개한 맛집이라며 리뷰가 좋다고 했다. 그때 딸이 리뷰가 몇 개인지 물었고 남편은 "세 개. 근데 별점이 다 5점, 4.5점이야." 잠시, 정적이 흘렀다. 그리고 모두가 참았던 웃음을 터트렸고 차 안은 한참 동안 시끄러웠다.

　　잠시 후 여러 건물을 지나 목적지에 도착했다.

'은행나무 칼국수'라고 써진 간판이 보였다. 썩 내키지는 않았지만 그래도 남편의 마음을 생각해서 별말 없이 식당 안으로 들어갔다. 점심 장사로 한창 바쁠 오후 한 시였지만 일요일이라서 그런 건지 정말 잘못 찾아간 건지 식당 안은 텅 비어 있었다. 조금 불안한 마음으로 칼국수 사 인분을 시켰다. 시간이 조금 걸려서 나온 음식은 다행히 정갈했다. 면은 반죽한 것을 손으로 직접 썰어서 모양이 불규칙했지만 씹을수록 쫀득한 식감이 좋았다. 육수는 해물은 아니었지만 여러 가지 재료로 우려낸 듯했다. 조미료가 많이 가미되지 않은 깔끔한 맛이 나에게 꼭 맞았다. 김치도 국산 고춧가루를 사용해서 사장님이 직접 담그셨다고 했다.

흡족히 배를 채우고 나오면서 착한 음식값에 또 한 번 감탄했다. 만족도가 최고치에 달했을 때 문득 내가 가진 편견들에 대해 생각해봤다. 책을 읽고 토론도 하며 끊임없이 변화를 시도하고 있으면서도 내 몸에서 떨어져 나가지 않는 편견이나 선입견을 확인하며 다시 오만한 나와 마주했다.

"오~ 오늘처럼 비 오는 날 칼국수 누가 먹자고 한 거예요?" 딸의 물음에 사유의 시간에서 잠시 벗어났다. 무엇이든 흡족했을 때 딸이 하는 표현이다. 이 물음에 오늘 칼국수를 먹게 된 출발점을 생각했다. 돌아가는 차 안에서 내 기억은 해물칼국수의 근원인 새벽에 가 있었다.

주말에도 나의 새벽 명상은 계속되었다. 머리가 묵직했던 어제와는 달리 오늘은 맑았다. 새벽은 늘 깊이를 헤아릴 수 없을 만큼 고요했지만, 오늘 새벽은 고요함을 미세하게 방해하는 요소가 있었다. 멀리 가로등 불빛 사이로 일정하게 내리는 비가 창문에 약하게 부딪혔다. 이 새벽 비가 나의 일상처럼 느껴져 답답했다.

이른 오전 온라인에서 독서 토론 모임이 있었다. 화면으로 보이는 사람들의 모습에 드러나는 표정과 묻어나는 마음까지 함께 읽으며 감정을 공유했다. 삼 년 전쯤부터 시작한 이 토론을 할 때마다, 나는 복잡한 현실과 외부의 모든 자극에서 잠시 벗어나 이 순간만큼은 책에 흠뻑 빠질 수 있다. 이 모임의 에너지는 여느 지역 모임과는 전혀 달랐다.

　　모임에서 나누는 책들은 장르가 다양하다. 희곡의 매력에 빠져 꼬리물기처럼 몇 번을 돌았던 적도 있고, 시를 읽은 후 낭송하고 나누기로 약속하기도 했다. 최근에는 지금까지 고수했던 문학에서 비문학 쪽으로 확장해갔다. 책은 멤버가 돌아가면서 여러 권의 책을 투표창에 올린 뒤 투표를 통해 선정한다. 그리고 해당 책을 권한 사람이 소개와 진행을 맡는다. 사람들의 경험과 배경은 추천 책만큼이나 매우 다채롭다.

　　쓰려던 책의 방향성에 대해 한창 고민하고 있을 때였다. 『하루 1시간, 책 쓰기의 힘』(이혁백, 치읓, 2019)이 눈에 들어왔다. 책장을 넘기자 마음을 사로잡는 부분이 있었다. 자신이 쓰려는 책이 다른 경쟁 도서나 유사 도서에 비해 어떤 차별성이 있는지, 그 장점을 어떻게 최대한 부각할지 유사 도서를 읽고 또 읽으며 고민하라고 했다. 모임에서도 읽는 것보다 나누는 부분이 중요한데, 모든 게 경험에서 나오기 때문이다. 그래서 멤버의 성별과 연령대, 직업이 다양하다는 것은 이 경

116

관계의 수학

험의 폭이 그만큼 확장된다는 것을 의미한다. 이 다양
성을 느끼며 대화에 깊이 빠지다 보니 두 시간이 훌쩍
지나 있었다.

끝인사를 하며 헤어지려는데, 멤버 중 한 사람
이 운동을 간 남편이 이따 돌아와서 해물칼국수를 해주
기로 약속했다고 했다. 여기저기서 부럽다는 말과 함께
오늘 메뉴는 해물칼국수라는 댓글이 이어졌다. 이 얘
기를 남편에게 슬쩍 던졌더니 남편은 "난 지금 다리가
아프니까 우린 그냥 맛집에 가서 먹으면 안 될까?" 했
다. 그래서 "좋아요!"라고 답했다. 팀 페리스가 『타이탄
의 도구들』(토네이도, 2017)에서 강조한 긍정의 힘을 믿
기 때문이다. 남편의 제안이 성의 없어 보인다거나 부
정적으로 생각하자면 끝도 없지만, 반대로 이것이 남편
이 할 수 있는 최선이라고 생각한다면 저절로 감사해진
다. 새벽 명상의 힘이다. 그렇게 오늘의 점심이 비 내리
는 날과 무척이나 잘 어울리는 해물칼국수로 정해졌다.
결국 우리가 먹은 건 해물이 없는 칼국수였지만, 해물
이 빠진 자리에 정성과 사랑이 들어가니 두 칼국수 모

두 같다는 등식으로 연결된다.

에너지의 원천이 된 긍정의 힘과 해물칼국수로 알게 된 항등식까지, 이렇게 변화는 스멀스멀 올라와서 일상의 걸음과 함께 꿈틀댄다. 명상과 글쓰기를 통해 내면을 닦고 감정을 알아채는 일, 나를 드러내는 연습을 한 후 긍정적인 변화가 번쩍이며 다가오고 있다.

$a \times x = 0$ 은 x값에 따라 참과 거짓이 되는 방정식

$0 \times x = 0$ 은 x에 어떤 값을 대입해도 항상 성립하는 항등식

해물칼국수＝해물 빠진 국물 칼국수＋정성과 사랑

4
꼬인 위치로 바라본 세상

자존심의 기울기가
완만해질 때

가을을 지나 겨울 문턱에서 우리는 바람을 스치고 온 이 계절이 겨울이라는 것을 이미 알고 있다. 다시 한번 확인이라도 하듯 서로가 서로에게 겨울의 감정을 전달했다. 이건 실제 날씨의 변화보다 훨씬 빠른 기울기를 보였다. 계절의 변화만큼 달라지라고 우리를 부추기는 건 청명한 가을 하늘과 단풍, 그리고 계절을 충분히 누리지 못하고 끝나버렸다는 아쉬움과 답답함이다. 미처 준비하지 못한 각자의 상황이나 마음 앞에 갑자기 찾아온 겨울처럼, 요즘 여기저기에서 축가가 들리기 시작했다.

　부드럽게 들려오는 소리는 결혼을 하는 신랑, 신부에게 최선을 다해 프러포즈하듯 절절하고 애타게 부르는 노래였다. 또 이 계절에 이들을 축하하는 마음으로 예식장을 찾은 하객, 우리 모두를 위한 따듯한 위로이기도 했다. 낳아준 부모님을 위한 감사의 마음이자 그 어떤 날보다 더 축복된 오늘을 위한 환희였다.

　축가를 들을 때마다 나는 눈물로 화답한다. 십년 전에도 또 그 십 년 전에도, 하객으로 앉아 있던 나는 축가를 들으며 눈물을 슬쩍 감추어 보였다. 하지만 눈치 없게도 끊임없이 휘둘리고 자극을 받는 감정 탓에 결국 펌프질 하듯 눈물이 쏟아졌다. 그리고 아주 오래전의 일과 추억이 갑자기 영상처럼 확대되어 비치더니 파노라마처럼 지나갔다. 그 시간 곳곳에 존재하는 내가 떠오르고, 이후 겪은 상처까지도 그리워졌다.

　과거는 나에게 긍정만을 선물하지 않았다. 어쩌면 그 바탕과 배경은 부정으로 이루어져 있을지도 모른다. 그 속에서 몇 가지 긍정적인 요소가 그리움으로 남아 있다. 신기한 것은 긍정적이든 부정적이든, 과거에 대한 그리움은 현재를 살아가게 하는 힘이 되었다. 과거를 회상하면서 흐르는 눈물을 반복해서 훔치던 나는 주변을 꼼꼼하게 둘러보았다. 집안 어른들과 그들 간 관계가 보였다.

'우린 이곳에서 왜 이렇게 데면데면할까.' 그들은 얼굴을 붉히고 쑥스러워하며 그동안 잘 지냈느냐고, 보고 싶었다고 감추었던 사랑의 메시지를 전달한다. 나는 서로 안부를 물으며 묵은 감정을 내려놓는 그들을 보면서, 세월 속에서 피어오른 따뜻함을 보았다. 지나온 삶에서 그들에게 그토록 중요했던 건 무엇일까. 마지막까지 경계하며 풀어지지 않은 것은 자존심이었다. 드러난 주름 하나하나, 처진 눈꺼풀과 피부 근육이 불편해서 마음대로 웃을 수도 없는 그들이 함께하지 못한 시간 속에 누적된 무거움이 침잠되어 있다.

한 집안의 역사와 문화는 어떻게 만들어지는 걸까. 그 집안이 지나온 시간은 불과 한 세대가 지나면서 완전히 단절되기도 한다. 또 몇 세대가 지나도 그들의 가슴속에 남아 오랜 시간 기억되기도 한다. 물론 여러 집안의 장자와 나머지 사람들의 자리는 각자 처한 위치마다 차이를 보이므로 시선의 높이, 각도, 반경은 다 다르게 나타난다. 그러므로 그들의 체감은 쉽게 말할 수 있을 만큼의 거리는 아니다. 머리로는 이해하고 공유하려고 노력하지만 그 깊이를 감당할 수는 없으리라.

이 땅에는 여전히 유교 사상이 강하게 뿌리내리고 있다. 장자라는 자리의 부담과 무게는 언제나 더 강하게 다가온다. 하지만 아들이 귀한 집안에서 처음부터 가치 없는 숨을 가지고 태어난 이후 힘들어했던 나로서는 부러운 자리이다. 물론 장자의 책임감과 부담감이 그토록 클 줄 알았더라면, 처음부터 그 자리의 위치와 각도, 반경은 관심조차 가지지 않았겠지만.

크고 일관된 마음의 장자는 꿋꿋하게 자신의 자리를 지켜왔다. 신념을 갖고 오늘 이 시간까지 지나왔다. 지나온 시간 가운데 장자의 강한 신념으로도 방향을 바꾸거나 새로운 모양을 만들 수 없는 것도 있었다. 꼬인 위치다. 이전 세대들 간의 서로를 향한 꼬인 위치는 평행을 이루며 마주하지 않았다. 생각을 공유하거나 한 번의 만남도 허용하지 않았다. 그들은 시작부터 지금까지 마주하지도 서로를 향해 끝까지 나아간 적이 없었다. 그래서 표현하기 이전에는 어떤 위치에서도 만나거나 마음을 읽어낼 수 없었다.

그런데 지금, 축가가 울려 퍼진 이곳에서 그들은 새로운 시도를 하고 있다. 자존심은 세월이라는 시간 속에 건강하지 못한 신체를 빌려서 각자가 서로뿐이라는 존재의 중요성으로 대신 대체되었고, 지나간 세월 속에 덮어뒀던 서로의 잘못을 실어 보내려는 의지를 보인다. 힘이 없는 신체는 역시 노화된 이성을 통해 서로가 존재만으로도 힘이 되는 혈연관계라는 것을 받아들였다. 사라진 시간 속에 그들의 어느 한순간이 드러났다.

그들의 내면은 온통 감정에 지배당하고 휘둘리고 있었다. 이성보다 빠르지만 안정되지 못한 무례한 감정 때문에 아주 긴 시간 후유증을 겪었다. 오랜 시간 단절된 관계에서 그들은 다시 돌아오지 않는 메시지를 끊임없이 보냈고, 기다림과 그리움과 싸워야 했다.

그리고 지금 수없이 많은 변명과 핑계로 미루면서 꼬인 위치로 지냈던 관계를 새로운 변명으로 다시 시작하려고 한다. 모난 줄도 흉한 줄도, 얼마나 높은지도 모르고 쌓아왔던 자존심이 허물어지기 시작한다. 그 기울기가 조금씩 내려가며 모양이 변했다. 축가가 울려 퍼지면서 시작된 그분들의 사랑의 메시지는 자존심이라는 기울기를 완만하게 만들었다.

기울기는 일차함수부터 다항함수 그 외의 다양한 함수에서 찾을 수 있는 미분계수와 같다. 미분이 가능한 어떠한 경우도 미분계수를 찾을 수 있다. 자존심을 내려놓고 전달한 메시지는 미분계수의 완만한 기울기로 나타났고, 이는 곧 노력의 징표가 되었다. 휘둘리지 않은 노력의 표상이다. 기울기가 소리를 내며 수학의 말을 전한다. 그 무엇도 그리움을 대신할 수는 없다고. 시간에 덮인 것처럼 보이는 그리움은 항상 존재하고 있었다.

자존심은 다시 내려놓은 감정이라기보다는 무

례한 감정에 휘둘리지 않으려는 마음이다. 모두가 행복에 한 발 가까이 다가간 오늘, 자존심은 이성에게 예의를 차린 보조 감정으로 찾아왔다. 이 감정으로 조화를 찾은 내면은 쉽게 휘둘리지 않는다. 자존심을 버리라는 것이 아니다. 처음과 많이 달라진 기울기처럼, 완만하게 시간 속의 그리움을 지키며 성장하기를 바랄 뿐이다.

불편한 사람에 대한
시각 전환

"당신은 내 영원한 워너비예요!"

영화 대사에서나 들었던 이 말은 x가 독서모임 때나 사적으로 연락해올 때 잘 쓰는 표현이다. x는 아이가 유아기 때부터 지금까지 십오 년 이상을 지속해온 관계다. 그녀와 나 사이에 교집합이 있는 것처럼 여러 자리에서 마주친 이후, 오랜 기간 가깝지도 멀지도 않은 평행선과 같은 거리에서 지내왔다.

x는 리액션이 크다. 애정이든 반감이든 주변을 의식하지 않고 직설적으로 표현한다. 때론 이것이 거북

할 만큼 부담될 때가 있었다. 그랬던 그녀가 변화를 보인 것은 불과 얼마 전이다. x는 보이는 것 특히 고급 브랜드에 과할 만큼 집착했지만, 독서모임에서 자신은 물욕이 없다고 말했다. 책을 읽고 나눔을 하다 보니 애착 가득한 삶의 부질없음이 느껴져 욕심이 사라졌다고 했다. 이 이야기는 우리에게 웃음을 선사했다. 그녀를 잘 알고 있는 멤버들을 자극했기 때문이다. 사실 x는 우리 주변에 있는 나의 모습이라고 할 수 있다. 우리는 타자에게서 자신의 결점을 발견한다. 각자 x의 모습에서 자신의 모습을 보았기에 강하게 자극되었는지도 모른다.

사람은 태어나서부터 노력하지 않아도 관계가 이루어진다. 그 과정에서 관계는 점점 큰 힘으로 발전하기도 하고 부정적인 일을 만나 에너지를 잃어버리기도 한다. 이것이 바로 관계의 성질이다. 여기서 중요한 것은 태어나면서 얽힌 관계라고 해서 일방적인 것은 없다는 사실이다.

그렇다면 나의 관계 맺기는 어떤 알고리즘을 통해서 주변으로 퍼졌을까? 또 그것이 일방적이지는 않았을까? 잠시 이 테두리 안에 날 둔 x를 새로운 시선으로 바라보고자 관계 맺기와 가우스 함수를 연계해보았다.

$$[x]+[y]=2$$

(x, y는 1 이상 2 미만의 모든 실수)

사람과 사람의 관계는 $[x]+[y]=2$를 인정하는 것에서부터 시작한다. $[x]+[y]=1$이 될 수 없다는 것을 수용해야 관계는 유지된다. 보편적으로 우리는 사랑하는 연인이 부부의 연을 맺을 때 두 식 가운데 후자가 가능하다고 믿는다. 가정의 달인 오월 중에서도 21일을 부부의 날로 정한 것도, 이날만큼은 둘이 하나가 되는 날임을 기억하고 서로 더 아끼고 사랑하라는 의미에서다. 그러나 나는 관계에서는 전자의 식이 성립한다고 생각한다.

x와 나의 거리는 항상 일정한 거리를 유지하며 같은 방향을 향하고 있었다. x가 밀어낼 때 나는 같은

거리만큼 뒤로 물러서 있었다. 그녀가 뒤로 한 발짝 물러섰을 때는 다시 내가 한 발 성큼 다가갔다. 의도하지는 않았지만 그렇게 우리 둘의 관계는 적당한 거리를 지키며 일관되게 유지되는 것처럼 보였다.

$$[1.3] + [1.82] = 2$$
$$[1.93] + [1.09] = 2$$
$$......$$

가우스 기호로 둘러싸인 두 소수의 가우스 값의 합이 그녀와 나의 관계처럼 보인다. 아무리 가까운 사람이라도, 또 아무리 불편한 사람이라도 둘이 그리는 직선은 평행하다. 두 개의 직선에서 조금 더 넘치는 선에서도 한결같이 자신의 자리를 이탈하지 않으며 걷고 있는 각자가 서로를 인정하는 것처럼.

이제 내가 해야 할 일은 조금 다른 시선으로 x와 x가 속한 세상을 보는 것이다. 이미 내 안에 자리 잡은 편견과 선입견을 없애고. '리액션이 강하다'를 '리액션이 기막히게 좋다'로, '직설적으로 표현한다'를 '자기표현에 좀 더 정직하고 솔직하다'로, '메이커를 선호한다'를 '물건의 가치를 알고 그것에 집중한다'로 전환해보았다. 이 조금 다른 시선은 결국 나의 불편함을 없앴고, 그녀와의 평행선도 적당한 거리를 유지했다. 그녀가 주체가 아닌, x를 바라보는 내 주체적 시각이 나를 제자리로 돌아오게 했다.

x를 새로운 시각으로 바라보는 중에도 우리의 선은 한결같이 평행을 유지하며 나란히 나아간다. x와 지속되어온 관계 속에서, 또 앞으로 유지될 관계 속에서 흐르는 여러 기운이 분산된다. 가우스 함수가 전달하는 수학의 언어는 '인내'다. 인내에서부터 관계 유지는 시작된다.

$[x]$=가우스 기호 x

$[x]$=n (n은 x를 넘지 않는 최대의 정수)

($n \leq x < n+1$, n=정수)

ex. $[3.4]=3$, $[-2.5]=-3$, $[-0.5]=-1$, $[0.6]=0$

일반적으로 가우스 기호로 정리된 가우스 함수 ($f(x)=[x]$)는 계단식이다. (학습 시간에 비례해서 나타나는 학습성과 그에 따른 성취는 사람에 따라 좀 덜 길고 더 긴 정체기가 있으므로 가우스 함수로 표현하기 가장 적절하다.) 노력의 결실이 단계적으로 이어지는 인내의 시간은 무엇보다 가우스 함수로 표현하기에 가장 적절하다고 할 수 있다.

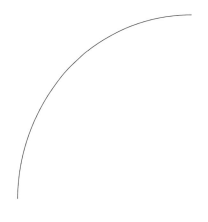

불구덩이에서
외치는
탈출 공식

　　새벽 시간, 마취도 없이 개복한 후 장기 전체를 천천히 들여다보고 임시방편으로 봉합한다. 이제 두상 쪽으로 방향을 바꾼다. 잠시 머뭇거리지만 좀 전과 같은 방법으로 머리를 연다. 그동안 불순물과 이물질이 켜켜이 쌓인 뇌 벽을 심각하게 들여다본다. 그리고 다시 조심스럽게 봉합해나간다.

　　나는 깨어 있다. 육체와 정신을 다 열어두고 꼼꼼하게 나를 확인하려고 노력한다. 의식은 뜬눈으로 보낸 지난 시간과는 비교도 안 될 만큼 맑다. 예기치 않게 일어난 수많은 일들은 불현듯 속도가 더해지거나 더뎌지기도 하고, 갑자기 운동 방향을 틀어서 나의 일관성을 무너뜨린다.

　　길을 걷다가 오래된 아파트 단지에 자리 잡은 무성한 나무들 사이를 정신없이 오가는 새들을 포착하곤 한다. 문득 걸음을 재촉하며 걷고 있는 내 위에서, 자기 목표를 열심히 쫓던 새들이 지나가며 배설하는 배설물이 툭 하고 떨어지는 일을 겪는 것이 우리의 삶이 아닐까 싶었다. 그 배설물의 도착지는 내가 되기도 하고, 혹은 나와 함께 걷던 동행인이 되기도 한다. 그럼에도 나는 다시 걷는다.

　　우리는 살면서 끊임없이 환경에 지배당한다. 삶을 겪어내는 우리의 태도를 살피다가 '불구경'이란 단어만큼 어울리는 것이 없어 보였다. '불'과 '구경'이 만난 이 합성어에서 불은 몸소 체험하고 겪어내는 삶, 구경은 이러한 삶을 관조하는 태도로 볼 수 있다. 극한 상황이나 특수한 환경에 처한 이후 자기 원형은 고유성으로 드러난다. 나의 내면은 호기로운 질문으로 넘쳐난다. 불구덩이 안에 있으면서도 비상구나 탈출구를 찾을 생각은 하지 않고 그 순간에도 끊임없이 질문하며 고민에 빠지곤 했다. 이 불구덩이에 어떻게 들어갔는지, 들어갈 당시의 기울기는 음수의 개념이었는지, 음의 기울기는 어떤 일과 만나면서 순간적으로 생긴 '순간 기울기'인지 아니면 긴 시간 동안 서서히 움직여온 '평균 기울기'인지······. 그러면서 사유가 더 깊어졌다고 스스로 포장하기도 했다.

일을 해결하기 위해서 앞으로 나아갈 때도 각자 걸음의 보폭, 빠르기, 무게감에 따라 삶의 빠르기와 변화율, 방향이 달라진다. 이를 깊이 들여다본다면 저마다 삶의 평균 기울기와 숨어 있는 순간 기울기가 보일 것이다.

사람들은 불구경이 재밌다고 하지만 나는 일 할의 재미도 없었다. 두렵기만 했다. 이것이 만약 평균 기울기라면, 불구덩이 속 나는 최악의 순간 기울기를 겪고 있는 셈이다. 어떤 순간의 x값을 대입해서 나온 순간 기울기라면, 그것이 비록 음의 기울기로 뛰어든 불구덩이라도 회생 가능성이 있다. 다시 말해 희망이 일 할이라도 존재한다고 말할 수 있다.

물론 불구덩이에 있을 때 그 현장에 있는 다른 사람을 구하고 그곳을 복원하기 위해 적극적으로 움직인 것은 아니다. 이 노력에 도덕성이나 적극성은 공존하지 않는다. 우리는 탁상공론보다는 실천하기를 원한다. 이론을 앞세우는 혹자들은 경멸하는 시선으로 이 불편한 상황을 가볍게 넘기려고 한다. 그들과 함께 시선 처리를 고민하고 있었던 나 역시 항상 실천 앞에서 갈등하며 우왕좌왕했다. 그렇게 불구덩이에서 탈출하고 싶었다. 방 탈출의 비밀처럼 불구덩이의 삶에도 수학 공식이 적용된다면 조금은 간단명료해질 것이다.

수학은 자연의 법칙을 거스르지 않은 우리의 이성을 수식으로 옮겨준다. 수학이 곧 자연이자 자연법칙이다. 자연법칙을 거스르지 않고 이 안에서 삶을 바라본다는 건 단지 관조적 입장만을 얘기하는 것은 아니다. 자연법칙이란 실수 범위에서 보자면 여러 가지 다항함수의 모습을 하고 있다. 범위가 수직선 위의 전 범위, 실수 전체가 되는 것이다. 다양한 다항함수들의 기울기로 전하는 수학의 언어는 '직선과 곡선의 어우러짐이 곧 우리 삶이자 자연'이라는 것이다.

우리는 자신을 그대로 느끼고 표현해야 한다. 타자가 내 안에 들어와 나를 그대로 표현할 수는 없다. 그래서 오늘도 난 불을 구경하기보다는 직접 겪으려고 한다. 좀 더 적극적으로 사유하려고 한다. 삶에서 평균적으로 드러나는 아주 긴 기울기의 그래프에 접하고 있거나 완전히 포함된 곳곳에서의 순간 기울기로, 지금까지의 삶을 바라본다.

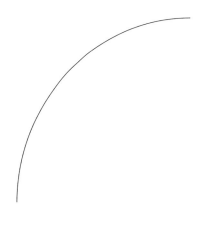

원뿔 각뿔
상실감 겪어내기

지금까지 나에게 온 상실감은 모두 비슷한 양상이었다. 때마다 들이닥친 상실감의 모양과 색깔을 구분할 수 있었고 각기 다른 무게도 감지했다. 그중 나를 가장 무겁게 짓누른 것은 주변인의 죽음이었다. 얼마 전까지 이 죽음이 나를 잡고 놓아주지 않았다. 난 빠져나오지 못하고 허우적대고 있었다.

글을 쓰고 가족들과 시간을 보내면서 이제 겨우 한 발짝 나왔는데, 오늘 또 다른 상실감이 나를 찾아왔다. 이번에는 모양도 냄새도 알 수 없었다. 온도와 습도가 느껴지는 것도 아니었다. 그런데 크기가 대단하다. 짓누르는 압력이 지금까지와는 달랐다. 나는 다만 급격한 속도로 하강하고 있는 이것을 바라볼 수밖에 없었다. 어떤 끈이든 잡고 잠깐이라도 올라가고 싶은데, 무기력에서 빠져나올 수가 없었다.

지금껏 나를 따뜻하게 안아주었던 글들이 나를 상실감의 자리로 옮겨놓았다. 온몸으로 써왔기 때문에 상처가 더 큰 것일지도. 분위기를 전환하려고 다른 사람들의 글을 읽어보지만, 비교 끝에 오만하고 거만한 나와 제대로 마주했다.

기대하지 않는다고, 풋내기 작가이면서 하루아침에 빛이 나기를 바랐느냐고, 이성은 이렇게 위로하고 달래왔다. 하지만 항상 감정은 이성보다 빠르게 움직여서 상황마다 환경마다 휘둘렸다. 지금도 요동치고 있다. 다시 상실감에 이른다.

희망 고문이라는 생각을 저버릴 수가 없다. 스스로 포기해야만 살 수 있을까 의문이 든다. 빅터 플랭클의 『죽음의 수용소에서』를 읽으면서 희망 고문이 사람을 얼마나 지치고 힘들게 하는지 깨달았다. 결국 병들게 하고 죽게 만든다는 사실도.

지금 느끼는 이 무기력은 나와 감정적으로 닮은 타자들도 겪고 있었다. 도전의 연속인 삶을 사는 사람이면 모두 비슷한 경험을 하리라고 생각한다. 단지 누군가는 이것을 안개 걷히듯 걷어내고 빠르게 일상으로 돌아오고, 누군가는 지금 나와 같이 무게에 짓눌린 채 벗어나지 못하는 것일 뿐.

원뿔 모양의 상실감과 삼각뿔, 사각뿔 등 각뿔 모양의 상실감들은 현실에 존재하는 부피와 양으로 비교할 수 없다. 부피의 안과 겉 치수가 대략 같다고 보았을 때, 무게 또한 비교할 수 없다. 그 속에 들어 있는 수분(최선을 다하는 노력)의 양도 비교되지 않는다. 다채로운 뿔이 전하는 수학의 언어는 '상실감은 각기 모양이 다를 뿐 어떤 것이 더 크고 무거운지는 알 수 없다'는 것이다. 삶의 중요성이나 가치를 점수로 매길 수 없는 것처럼. 상실감은 결국 온몸으로 감당해야 한다. 급격히 낙하하더라도 있는 그대로 부딪혀야 한다. 그래야 좀 더 급한 기울기로 높이 비상할 수 있다.

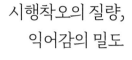

시행착오의 질량,
익어감의 밀도

나이를 먹을수록 시행착오를 받아들이는 익숙함과 결과를 마주하는 두려움이 동시에 찾아온다. 나이를 먹는 것의 가장 큰 이점이 원숙함이라면, 무기력함이라는 단점이 요즘 나를 많이 힘들게 한다. 오늘도 고민으로 뒤척이다 결국 일어나 책꽂이에서 책을 집어 들었다.

어제 잠시 만난 J 언니의 말이 계속 마음속에 남았다. 어느 산사에서 생활하는 비구니가 이렇게 말했다고 한다. 우리 마음엔 끝도 없이 나는 잡초가 있는데, 그

걸 제거하면 일시적으로는 깨끗해진 듯 보이지만 하루라도 소홀히 지나가면 잡초가 그 자리에 그대로 다시 올라온다고. 그때의 잡초는 그곳이 원래 자신의 자리인 듯 더 떳떳하고 강하게 버티고 있다고 했다.

시기, 질투, 욕심을 끊임없이 다스리고 뽑아내어도 인간의 마음은 거름이 적당한 밭이기에 다시 이것으로 가득해진다. 조금 깨끗해졌다고 안도하다가도 잠시 소홀해진 틈을 비집고 다시 나온다. '됨'보다는 '안 됨'과 어울리는 것들이 더 생명력 있게 자리한 것은 아닌지, 잡초가 끊임없이 나고 자라는 내면을 들여다보며 원인을 파악하고 상황을 대처하던 중에 비구니의 마음을 잠시나마 동경해본다.

목표를 위해 숨 돌릴 여유조차 없이 달렸던 지난날을 회상한다. 잠시 쉬어가라는 뜻이었는지 큰 시련을 겪었고, 원치 않아도 내게 주어진 삶을 겸허히 받아들이며 적당한 거리에서 안정된 꿈을 꾸기도 했다. 또한 지금 나에게 닥친 나이를 이제는 아무런 거부감 없이 받아들이게 되었다.

설거지를 하면서 동시에 급한 마음으로 저녁 식사를 준비하던 시간이었다. 강낭콩이 섞인 밥을 하려고 쌀과 콩을 함께 씻다가 위에 둥둥 떠오른 쭉정이 콩을 보고 피식 웃음이 새어 나왔다. 바닥에 가라앉은 강낭콩과 쌀을 자세히 보다가 문득 이것들의 밀도와 질량과 부피의 관계를 생각했다.

질량이 같을 때는 부피가 더 큰 것이 밀도가 작으므로 물 위로 떠오른다. 또 부피가 같을 때는 질량이 더 큰 것이 밀도가 크므로 아래로 가라앉는다. 이를 통해 전하는 수학의 언어는 '매일매일 견고하고 단단하게 다지는 삶의 태도'다.

일상을 살아갈 때와 글을 쓸 때의 밀도를 비교하니 삶과 글쓰기가 제대로 보였다. '글쓰기를 시작하지 않았다면 쌀을 씻으면서 이런 생각을 할 수 있었을까. 이런 호기로움을 삶과 연관 지어볼 수 있었을까.'라고 생각하니 갑자기 뿌듯해졌다. 뿌듯함은 곧 행복으로 이어졌다. 매일 꾸준하게 써온 글은 단단했다. 부피가 클 뿐 단단하지 않은 글은 허울이라고, 쌀을 씻으면서 깨달은 사실이다.

　　부모님을 뵙고 돌아오는 길에는 습관처럼 삶을 돌아보게 된다. 늙는다는 건 시간을 거스르지 않는 경이로운 익어감이자 사회 소외계층으로 살아가는 쓸쓸함이다. 누구나 자신의 과거에서는 화려하고 건강하며 찬란하게 존재한다. 나이를 제대로 먹으려면 육체와 감정 모두 바르게 영양을 섭취해야 한다. 이렇게 흡수된 영양소가 몸 곳곳으로 이동해야 제대로 익어갈 수 있다. 살면서 고독은 피해 갈 수 없다. 그러나 고독은 내가 익어가는 과정에서 즐기고 아껴야 할 인생의 요소이다. 삶이라는 집합 안에 익어감이 포함되어 있다면, 고독은 익어감 안에 들어 있는 원소일 뿐이다. 자연스럽게 받아들이고 멋지게 즐기면 된다.

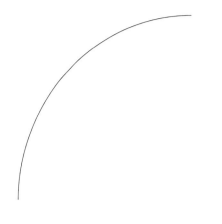

평행선 위
나와 내면아이

     숙면하지 못해 불안정한 내면으로부터 속삭임이 시작되었다. 그 속삭임은 커지더니 큰 소리가 되어 나를 현실에 놓아주지 않았다. 그 소리는 얕은 잠과 함께 주변을 하염없이 맴돌다가 새벽 시간 스스로 의식을 밀어버리게 만들었다. 4시 45분, 이성과 분리된 육체가 자신의 자리를 찾아 스르르 움직이기 시작한다. 안방을 나와 거실을 거쳐 책을 집고 편안함을 찾아 앉기까지, 거리는 딱 스무걸음이다. 절제된 새벽이 나의 어깨를 가볍게 토닥여준다.

코로나 바이러스가 전 세계를 집어삼킨 날부터 생활 반경과 함께 내면 깊숙이 숨어버린 답답함은 가림막을 뚫고 나올 줄을 모른다. 그곳에 숨어서 누군가 꺼내주기만을 바라던 내면의 아이를 찾기 위해 열독, 완독 후 휘황찬란하게 포스트잇을 붙이고 책꽂이에 꽂아놓은 책들을 다시 한 권씩 꺼내 들었다. 집어 들었다 다시 제자리 찾아주기를 몇 번, 읽은 지 얼마 지나지 않은 마이클 싱어의 『상처받지 않는 영혼』(라이팅하우스, 2014)을 집었다. 왼손으로 힘주어 책을 펼치며 자리를 잡았다.

표지를 넘기자 '내면의 아이와 마주하며'라는 메모가 보인다. 그리고 책이 생생하게 내 품에 안긴 날짜와 시간, 과정도 적혀 있다. 몇 개월 전 그날의 기억이 또렷이 떠오른다. 이 선명한 기억으로부터 옅어진 감정과 세세한 상황들을 찾아낸다. 망각하기 전에 그것들을 다시 재배열하듯 감정을 극대치로 끌어올리기도 하고 차분히 가라앉혀보기도 했다. 그렇게 내면의 아이를 찾아 나섰지만 결국 나는 깨닫는다. 나와 이 아이는 평행선처럼 함께 움직이지만 영원히 마지막까지 하나가 될 수 없음을.

나는 내면에 존재하는 아이를 향해 평행선과 같은 먼발치의 사랑을 실천하는 중이다. 평행선은 모양과 크기가 변하지 않고 자리, 위치만을 이동한 평행이동에서 출발한다. 그중에서도 기울기는 같으며 y절편이 다른 일차함수 즉 직선의 방정식에서 끝없이 제 길을 나란히 걷고 있는 두 직선을 이른다. 나와 내면 아이의 관계다.

5월 14일, 항상 그 거리에서 끝없이 움직이던 나와 내면 아이가 평행선 어느 지점에서 다시 마주하고 있다. 의미 없는 로즈데이, 맑음과 흐림이 마음속에 함께 머무른다.

강남 신사역으로 발걸음을 옮기는 건 나에겐 여러 경험 중에서도 가장 두려운, 부정적인 경험으로 가득 차 있는 내면을 드러내는 과정이다. 곧 독서 모임이 더 풍성해진다는 공지에 마음이 한껏 부풀었던 참이었다. 모임이 더 확실하게 자리를 잡아간다는 표현이 어울리겠다. 한 출판사에서 진행하는 이 모임은 나에게는 첫발을 내딛기 훨씬 전부터 긴 시간 기다리고 있었던 중요한 목표 중 하나였다.

　　모임이 있는 금요일, 기온은 체온을 유지하기 딱 적당하고 하늘은 맑음이라고 경쾌하게 소리를 낸다. 멀리 보이는 하늘과 세상으로 뻗은 길이 선명하다. 맑음과 흐림이 나에게 주는 특별함이 있다. 맑음은 나를 실행하고 도전하게 한다. 흐림은 스스로 좀 더 생각하게 한다. 생각은 이 흐림의 농도를 타고 기류와 함께 움직인다. 오전 내내 강하게 내리쬐는 태양이 나를 위한 빛인 것 같았다. 그 빛 하나에서 뻗어져 나오는 여러 갈래의 토닥임과 위로에 크게 감동받았다. 바로 어제까지 정리되지 않았던 내면의 문제가 있었지만 태양은 그것마저도 가림판으로 슬쩍 가려주었다.

　　신사역으로 향하는 지하철의 속도가 마음 탓인지 고집 세고 강하게 느껴진다. 햇빛을 등지며 보이기 시작하는 명암에서부터 순간순간의 오늘이 보인다. 창밖의 배경이 스치면서 지나온 여러 모임에서의 관계가 함께 지나갔다. 나의 판단력이나 감성이 딱 적절한 기울기를 유지하게 했다. 관계에서 거리는 보이지도 정리되지도 않았다. 사유의 시간은 현실적 감각을 항상 둔하게 만들었다. 그 순간 신사역을 알리는 깔끔하고 감정 없는 안내음이 나를 반사적으로 움직이게 했다. 문열리는 소리가 이날따라 유독 강하게 들리더니 이내 심장을 자극했다. 뛰는 심장을 움켜잡느라 잠시 머뭇거리다 겨우 현실로 다시 한 발 옮겼다.

2021년, 여러 작가들과 한 권의 책을 낸 적이 있다. 수학과 관련된 글은 아니었으나, 결이 다른 작가들의 글이 책 한 권에 모아지자, 에너지의 결괏값은 최대치로 나왔다. 그중 몇몇 작가와는 줌으로 독서 모임을 진행하고 있던 참이었다. 그러다가 이제 오프라인으로 만남을 가질 예정이었다. 가는 여정에서 나는 설렘과 두려움의 경계에 있다. 어떤 작가들이 올지 몰랐다.

흔들리는 나를 잡아줄 뭔가가 필요했다. 마카롱

을 찾아서 무작정 천천히 걸었다. 당 충전을 하는 것은 부정적 감정의 깊이를 줄여주기 위함이다. '지금 이 감정 두려움이 맞는 거지? 마음이 얘기하기 시작한다. 내면의 소리가 이렇게 또렷하고 규칙적으로 들린다는 건 몸에서 좋지 않은 변화가 일어나고 있다는 것을 말했다. 잠시나마 이런 감정에서 벗어나고 싶었다. 물론 여기에는 사람들과 이 달콤함을 나누겠다는 설렘도 포함되어 있었다.

마카롱을 들고 가는 손은 나눔의 가치를 행복으로 전향시켜주었다. 사람들이 있는 그곳은 설렘으로 수줍게 문을 여는 나를 급히 끌어당겼다. 이번에는 덜컥 두려워져서 그곳에서 풍기는 아로마 향을 맡을 새도 없이 급하게 안으로 밀었다. 그곳에는 벌써 색이 다른 몇 개의 빛이 있었고, 나라는 하나의 빛을 더하면 완성될 것 같았다. 그 믿음은 나의 마음을 차차 안정되게 했다. 그리고 착각하게 만들었다. 하나의 빛이 더해지니 두려움이 사라졌다고. 스스로 긍정적 에너지를 발산하려고 참 애쓴다는 느낌이 들었다.

여러 갈등 속에 있던 부정적인 나는 글쓰기에서 우주 안의 내 좌표를 발견했다. 적당한 거리 에 있는 어린 왕자의 별도 찾았다. 기쁨이 충만했지만 내가 쓰고자 하는 글과 독자가 좋아하는 글 사이에서 고민하는 시간이 점점 깊어졌다. 먼저 내가 좋아하고 쓰고 싶은 글을 쓰겠다고 방향을 정했다. 하지만, 나는 매 순간 갈등으로 갈림길에 서 있다. 나의 흔들림이 보였는지 몇몇 작가들이 가능성을 열어두라며 방향을 제시해주었다. 한 목적지를 향하는 길이 하나만 있는 것이 아닌데도불구하고, 하나일 거라고 생각하는 집요함이 끊임없이 나를 괴롭혔다. 그래도 이 조언 덕분에 주기적으로 나를 건드리는 진동이 점점 줄어드는 것이 느껴졌다. 비록 몇 회 되지 않은 대면 모임이었으나 그 가운데서 매번 즉흥적인 생각이 툭 하고 튀어나왔다. 며칠 동안 나를 괴롭혀왔던 문제까지 해결된 것처럼 평정심을 찾을 수 있었다.

모임에 대한 무한 신뢰일까? 마이클 샌델의 『정의란 무엇인가』(와이즈베리, 2014)를 읽으며 들었던 정의로움에 대한 의문과 생각들이 정리되었다. 때마침 얼마 전 『빵과 장미』(문학동네, 2010)를 읽으면서 정의에 한 발 다가가고 있었다. 모임에서 어렴풋이 누군가 '정의란 사랑이 충만한 것'이라고 말했던 것이 떠올랐다. 자신은 넘쳐흐르는 그것을 글을 쓰며 나누고 있다고.

정의 하면 나는 『빵과 장미』에서 제르바티 씨가 보여준 사랑의 실천이 떠오른다. 그의 정의는 어떠한 경우에서도 상대를 믿어주는 데서 시작된다. 이후 상대가 그것을 스스로 깨닫게 만들어준다. 굽어질지언정 꺾이지 않은 아름다운 사랑을 소유하고 실천한 나무, 로사 엄마가 보여준 그 아름다운 나무 또한 정의롭다고 할 수 있다.

사랑을 나누는 것이야말로 이 현실에 존재하는 정의에 다가가는 게 아닐까 하는 생각이 들었다. 이 두 사람과 같은 정의를 실천하고 있는 누군가가 주변에 존재한다는 믿음은 가슴을 따뜻하게 했다.

여러 독서 모임을 하면서 한 관념에 대하여 포괄적인 정리를 하는 것이 가능해졌다. 멤버에 따라 모

관계의 수학

임의 색깔은 제각각 다르지만 독서 모임을 시작하게 된 그들의 신념은 비슷하리라 짐작할 수 있다. 모임은 시작할 때부터 함께한 이들의 각기 다른 빛을 보였다. 오늘은 모호한 빛으로 뭉친 그들의 열기가 블랙홀처럼 깊다. 빛과 열기는 내 호기로움을 자극했다. 그때 나의 눈에 『상처받지 않은 영혼』이 들어왔다. 표지를 보며 이곳에 도착하기 전까지 끊임없이 나를 흔들고 끌어당긴 힘이 바로 이 책에 있었던 건 아닐까 하는 생각이 들었다.

　　무한의 세계에서 사람들은 유한으로 나누고 떠들고 웃는다. 무한의 세계, 우주 어느 곳에 자리하는 그들은 고유한 빛으로 다시 참 자아를 찾아 헤매고 있다. 나는 그 빛을 확인하지도 못한 채 아쉬움을 남기고 먼저 그곳을 빠져나왔다. 현실로 발돋움할 시간이 이미 지나고 있었다.

　　아쉬움은 쓸쓸함이 되었다. 걷는 걸음에서 의문이 생겼다가 다시 사라졌다. '나는 과연 깨어 있는 걸까. 언제까지 이 과정을 반복해야 해결이 되는 걸까. 내면의 아이를 찾아가는 이 과정에는 결과 없이 과정만 존재하는 걸까.' 내 안의 아이가 너무 나약해서 못 견디고 주저앉아 울어버릴까 봐 두려워지기 시작했다.

이때 두려움보다 한 발짝 앞선 용기가 속삭인다. 지금처럼 천천히 걸으라고. 앞만 보지 말고 주변의 기운도 좀 살펴보라고. 내가 잘해왔던 것을 편하게 하라고. 내면에 너무나 지나친 무거움을 올려두지 말라고. 자연과 사물들의 표정과 소리에 그냥 예전처럼 더하지도 덜하지도 않은 애정으로 대하라고.

내가 남긴 흔적 후 여운을 나누었을 그들의 빛은 다시 다름으로 부각될 것이다. 각각의 빛들은 줄기도 방향도 진하기도 다른 빛이 함께 모여 순백색으로 발산되리라 믿는다. 그러자 돌아가는 길에 머릿속과 두 다리가 잠시 가벼워진다.

평행선 위에서 나와 내면의 아이가 부지런히 각자의 길을 걷고 있다. 절대 떨어지지 않는 간격으로. 평행선이 전하는 수학의 언어는 '시작은 하나이고, 참 자아도 하나'라고 말한다. 나머지는 본연의 실체가 평행이동된 직선이자 수없이 다른 모습으로 드러나는 페르소나이다.

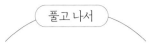
무한한 직선에서 찾은 순간

$$12 = 2^2 \times 3,\ 45 = 3^2 \times 5,\ 60 = 2^2 \times 3 \times 5$$
$$x = a^2 \times b^2 \times c \ (\text{합성수 } x \text{의 소인수: } a, b, c)$$

"너한테 나는 도대체 뭐야!"

소수가 합성수를 향하여 소리친다. 온통 부정적인 감정이다. 소수는 약수가 1과 자신으로, 약수의 개수가 두 개이다. 합성수는 약수가 세 개 이상인 수다. 모든 합성수는 소수들의 곱으로 나타낼 수 있다. 합성수는 소수로 분해되었을 때 가장 명료해진다. 소수 역시 합성수를 이룰 때 더 빛이 난다. 이 둘은 전혀 다른 개념이지만, 떨어뜨려서 생각할 수 없다.

　　여러 결의 감정과 흩어진 마음을 정돈해서 표현하려고 글을 썼다. 글쓰기를 포기하면 내면이 도망갈까, 살아온 과거와 현재의 내 시간이 사라질까 두려워 멈출 수 없었다. 쓰지 않으면 불이익을 당할 것 같았다. 마치 불문율처럼. 나를 둘러싸고 있는 보이지 않는 감정이 공기 중으로 날아가서 퍼지고, 처음의 모습을 찾지 못하고 분해되어 버릴까 봐 두려웠다. 그래서 글을 쓰는 행위를 멈출 수 없었다. 정답도 없고 길을 찾는 내 비게이션도 없지만, 그래도 글쓰기를 통해 매일 비슷하게 시작하는 하루하루를 날짜로 순간으로 특별한 기억으로 아름답게 채색할 수 있었다.

　　수도 없이 터져 나오는 타인의 글을 보면서 감추어둔 내 글이 그저 부끄러웠다. 재능은 처음부터 기대하지도 않았지만, 매일 읽고 쓰면 어느 순간 부끄러움이 사라질 거라고 기대하고 있었다. 하지만 그럴수록 내 글에 실린 생각과 마음이 사라졌다. 글 속으로 들어가 내면을 훑었다. 초라했다. 주변의 화려함에 덮여서 흔적조차도 찾을 수 없는 내 글이 드러났다. 어쩌면 나는 타인과의 관계에서 나를 비판하는 가장 정확한 눈을 키워왔는지도 모른다.

아이들에게 합성수와 소수의 개념을 설명하던 어느 날, 뭔가 반짝하며 이 둘의 관계가 명확하게 삶과 연계되었다. 이를 깨닫자 나의 글이 보이기 시작했다. 글 조각조각이 물질을 이루는 분자였다. 분자가 사라진다는 건 물질이 존재하지 않는다는 것이다. 분자를 더 쪼개면 해당 물질은 고유 특성을 잃게 된다. 합성수를 소수의 곱으로 분해하고 나서야 물질을 이루는 분자가 보였다. 깊숙한 곳으로 밀어넣은 내 글을 다시 찾았다. 그곳에서 떨어져 한쪽에서 나뒹굴고 있는 글 한 조각을 발견했다.

비범함은 무수히 반복되는 평범함으로 드러난다. 일분일초 찰나의 순간순간이 모여 지금을 만들어냈다. 책을 읽고 글을 쓰는 이유가 무엇인지 알기 위해 채우고 비워나갔다. 순서는 중요하지 않았다. 약하게 부딪히려고, 덜 아프려고, 잘 견디려고 읽고 다시 썼다. 이성적으로 감성적으로 성찰해온 덕분에 얕았던 인내심이 견고해졌고, 삶 전체로 연결된 직선에서 순간과 찰나를 찾았다. 합성수를 소수로 분해하고 나서야 수가 제대로 보이는 것처럼, 수없이 읽어낸 타자의 글에서 나의 글 조각을 찾을 수 있었다.

　책을 쓰면서 길 잃은 나를 하염없이 찾아 헤맸다. 그러다가 내 안에서 사라진 나를 찾을 수 있었다. 이제야 온전한 나로 세상을 바라보고 서 있다. 나는 누구인가. 나의 내면은 어떤가. 주변인들과 관계를 나누기 위해, 나로 살아가기 위해, 계속해서 나를 읽고 말하고 쓰려 한다. 삶의 표본인 수학의 세상에 자리한 일상과 자연을 누리면서.

관계의 수학

1판 1쇄 찍음 2024년 3월 15일
1판 1쇄 펴냄 2024년 3월 25일

지은이 권미애

주간 김현숙 ǀ **편집** 김주희, 이나연
디자인 이현정, 전미혜
마케팅 백국현(제작), 문윤기 ǀ **관리** 오유나

펴낸곳 궁리출판 ǀ **펴낸이** 이갑수

등록 1999년 3월 29일 제300-2004-162호
주소 10881 경기도 파주시 회동길 325-12
전화 031-955-9818 ǀ **팩스** 031-955-9848
홈페이지 www.kungree.com
전자우편 kungree@kungree.com
페이스북 /kungreepress ǀ **트위터** @kungreepress
인스타그램 /kungree_press

ⓒ 권미애, 2024.

ISBN 978-89-5820-878-5   03410